RIE育儿法

养育一个自信、独立、能干的孩子

[美] 黛博拉·卡莱尔·所罗门◎著

邢子凯◎译

北京联合出版公司
Beijing United Publishing Co.,Ltd.

图书在版编目（CIP）数据

RIE 育儿法 /（美）黛博拉·卡莱尔·所罗门著；邢子凯译．—北京：北京联合出版公司，2018. 3（2020. 3 重印）

ISBN 978-7-5596-1756-9

Ⅰ．①R… Ⅱ．①黛… ②邢… Ⅲ．①婴幼儿—哺育 Ⅳ．①TS976. 31

中国版本图书馆 CIP 数据核字（2018）第 041834 号

RIE 育儿法
作　　者：［美］黛博拉·卡莱尔·所罗门
译　　者：邢子凯
选题策划：北京天略图书有限公司
责任编辑：王　巍
特约编辑：高锦鑫
责任校对：阴保全

北京联合出版公司出版
（北京市西城区德外大街 83 号楼 9 层　100088）
（北京联合天畅发行公司发行）
北京彩虹伟业印刷有限公司印刷　　新华书店经销
字数 192 千字　787 毫米 × 1092 毫米　1/16　15. 5 印张
2018 年 3 月第 1 版　2020 年 3 月第 3 次印刷
ISBN 978-7-5596-1756-9
定价：35. 00 元

谨以此书献给玛格达·格伯

献给那些与他人分享她的重要成果的RIE导师

和运用育养法的父母和看护人员

引　言

多观察，少做。

——玛格达·格伯

养育是一项很难的工作，而且不可能为之做好完全的准备。我儿子的新生儿尿不湿码放得整整齐齐，抽屉里装满了连体衣，我的心里充满了对这个未曾见过的小生命的爱。然后，我的儿子伊利亚出生了。我问医院里的护士，我能否再多住一个晚上。我已经有那么多时间清醒地躺在那里，凝视着我的宝宝，以至于完全筋疲力尽了。护士一直在说："当他睡觉时你也需要睡觉。"但我不想休息。我想观察他的一举一动，回应他的每一声咕噜。出院回家后，全天候照顾儿子就像一吨重的砖头一样冲击着我。我从来没有做过这么"全职"的全职工作，或者对我有这么多要求并且这么重要的工作。当丈夫和我带着伊利亚去做新生儿满月的健康检查时，他的儿科医生问我是否出过门。当我告诉他，我甚至都没有迈出家门半步时，他命令我停止"冬眠"，走出家门。但是，我怎么能做到呢？日子一天天过去，我甚至都挤不出时间淋浴。在头几个星期，做好去附近散步的精神和实际准备看上去就像是要攀登珠穆朗玛峰。如果出去之后他开始哭怎么办？如果他太冷了怎么办？太热怎么办？如果开始下雨怎么办？如果……我不得不为任何可能出现的情况做好准备，不是吗？这不是我特别焦虑，但我觉得我必须准备好所有的答案。

在开始的那几个星期，我既兴奋又疲惫。我当然很高兴成为一名母亲，但因为我太努力了，便失去了一部分纯粹的快乐。当伊利亚稍微发出一点声音，我便跳起来去看看是怎么回事。他的哭声，无论大小，都意味着有事情需要我解决，而且越快越好。如此迅速地对我的儿子的不安做出回应，使我无法退后一步考虑事情的全貌。所有的一切都是基于我的假设——婴儿就应该始终快乐。在我认识的人里，没有一个能始终快乐，那么为什么我期待我的宝宝不一样呢？

当伊利亚一岁时，我幸运地通过《你的自信宝宝》这本书发现了作者玛格达·格伯。这本书的标题激起了我的兴趣，因为我从来不认为自信是属于婴儿的东西。我读了这本书，而且我的丈夫乔尼和我参加了书中提到的父母-婴幼儿指导课程，这对我们的养育方式和与儿子的关系产生了深刻影响。随着时间的推移，我慢了下来，学会了观察，发现了伊利亚能够多么能干和有能力。一旦我把我儿子不再当作“一个婴儿”，而是当作一个独特的个体来认识，我们的互动就从根本上改变了。我放松了下来，信心倍增，而且与伊利亚在一起变得更有乐趣。

你可能想用你的父母养育你的方式来养育你的孩子。或者，你可能想要用与你的父母养育你非常不同的方式来养育你的孩子，放弃你不想重复的自己童年的那些模式。但是，你怎样打破一代又一代传下来的循环呢？意识到这个问题并愿意改变是重要的头几步，但接下来呢？你怎么用你不了解的东西来代替你了解的东西呢？

对于我们大多数人来说，养育是我们的人生中将拥有的最重要的工作，但通常也是我们没有为之做好准备的——至少从正规教育来说是如此。尽管生物学是标准高中课程的一部分，但都不涉及基本的婴儿发育。那些认为自己在生活的其他领域很能干的父母们，有时候会感觉在照顾自己的宝宝时没有把握。他们想当然地认为可以依靠本能，但发现自己对于如何最好地照顾宝宝感到困惑。这种情况会因为大多数社区很少提供或根本没有社会服务来支持新父母，而且许多新父母离自己的父母或能提供指导和支持的其他家庭成员很远，而变得更严重。难怪许多新父母去书店或半夜去网上搜寻紧急问题的答案。但是，当一个答案与另一个答案完全相矛盾时，就会令人困惑。父母们该怎么办?

育养法（Educaring® Approach）是本书的基础，并且提供了一个框架和一些实用的工具，来帮助你找到自己的解决方案，以完成各种育儿挑战，并成为更自信的父母。这种方法建立在玛格达·格伯的独特原理和革命性的学说基础之上。玛格达·格伯是世界知名的 RIE®（Resources for Infant Educarers，婴幼儿育养中心）的创始人。作为一种照料和陪伴你的婴儿的综合性方法，育养法为以尊重为基础的持续一生的关系奠定了基础。它能教给你了解你的婴儿宝宝的真正需要的方法，并且教给你如何准确地对这些需要做出回应。虽然这种方法关注的是 0 ~ 2 岁的孩子，但是，这些理念将在你的宝宝告别尿布之后的很长一段时间里继续为你们服务。不需要特殊的器材，只需要一颗开放的头脑和心灵。

玛格达·格伯小传

玛格达·格伯出生于匈牙利布达佩斯。她 18 岁结婚，不久便做了母亲。她说，虽然受过良好的教育，但她的所学从来没教过她如何做母亲。有一天，她的一个 4 岁的女儿病了，并需要看医生。她们的家庭儿科医生来不了，所以，玛格达的女儿建议给她的一个朋友的母亲——一名儿科医生——打电话。艾米·皮克勒医生（Dr. Emmi Pikler）来家里给玛格达的女儿看病，并询问她的喉咙痛的病况。当玛格达开始替女儿回答时，皮克勒医生示意她安静，以便孩子能自己做出回答。玛格达被女儿清楚地说出自己感受的能力震惊了。皮克勒医生在查看喉咙之前先征求了女儿的同意，而玛格达被她们之间的交流震惊了。这种互动不仅向玛格达揭示了女儿的能力，而且，这个过程中相互尊重的意见交换也让她大吃一惊。从此，皮克勒医生便成了玛格达的孩子们的儿科医生，并因而开始了一种长期的合作和友谊，直到艾米·皮克勒于 1984 年去世。

当第二次世界大战结束后，匈牙利政府委托皮克勒医生创建一所寄宿机构，来照料那些在战争中成为孤儿或者父母无力照顾的 0～3 岁的婴幼儿。在接受委托六个月后，全国婴幼儿护理和教育研究所就落成了。在这里，所有照料孩子的人都要遵循皮克勒医生的非常独特的教学法。这是与其他寄宿机构极不相同的一个地方，在那些机构里，在最好的情况下，婴儿的基本需要能得到满足，或者在最坏的情况下，他们就是冷漠对待的牺牲品，被当作货物一样。这所孤儿院通常以其所在的街道而被称为“洛克兹”（Lóczy），而在皮克勒医生去世后，它被更名为皮克勒研究所，以示敬意。该研究所照料孩子六十多年，而且，虽然它不再是一所寄宿机构，但仍然是高质量婴儿护理和教育的一座国际性灯塔。除此以外，皮克勒医生还以其对粗大运动的自然发展的研究和方法而闻名，这对当时支持通过刺激教给宝宝如何爬行的医学界来说是颇具争议的。

玛格达与皮克勒医生一起在洛克兹做研究，并在布达佩斯获得了幼儿教育硕士学位。1956 年匈牙利革命后，玛格达和家人离开匈牙利，并于次年移民美国。他们一开始定居在波士顿，玛格达在当地的哈佛大学做口译工作。一年后，她们全家搬到洛杉矶，玛格达在当地的儿童医院照顾患有脑瘫的孩子，之后，她在杜诺夫学校照顾患有自闭症谱系障碍的孩子。她运用了在洛克兹学到的原理，并加入自己从独特的教育和专业经验中获得的见解。她具有看到我们所有人的共性的能力，而且能够把同样的原则应用到所有的孩子身上，包括那些有特殊需求的孩子。正如玛格达所说："我的魔法只是仔细观察，并且只对孩子们能做到的事情抱有期望。当期待一个孩子做一些他无法做到的事情时，他就注定会失败。"那些了解玛格达的人都说她有非凡的同情心和与人相处的本能。玛格达非常同情那些参加她的课程的温柔而脆弱的新手父母，并且能够温和地指导他们，而不削弱他们的信心。

1972 年，斯坦福大学小儿神经病学家汤姆 · 福里斯特（Tom Forrest）邀请玛格达以创始总监的身份加入他的婴儿示范项目（Demonstration Infant Program，DIP），该项目是由加利福尼亚州帕洛阿奥图市儿童健康委员会正式委托的一个精神健康预防工程。第二年，玛格达开始在洛杉矶教父母–婴幼儿指导课程，并于 1978 年与福里斯特博士在洛杉矶共同创立了婴幼儿育养中心（RIE）。在 RIE，玛格达教授的父母–婴幼儿指导课程非常新颖，该课程鼓励父母们在婴儿自由玩耍的时候，在一位 RIE 导师示范什么时候以及如何干预宝宝的时候，进行观察。从创立以来，成千上万的父母和看护人员在 RIE 学习，而且，数以万计的婴儿得到了那些运用育养法的大人的照料。玛格达于 2007 年去世，但是，兢兢业业的 RIE 导师们通过给父母、专业人士，以及直接与婴儿和学步期孩子打交道的人员授课，让她的重要的工作成果得以在全世界继续传播。

玛格达曾说，她感觉得到皮克勒医生的宝贵指导是那么幸运，以至于她必须与他人分享。她的激情和毕生的心血正在帮助很多父母和看护人员理解婴幼儿，并帮助他们理解尊重地与婴幼儿互动意味着什么。她教导说，婴儿是作为拥有自己的独特观点的完整的人来到这个世界上的。她帮助我们看到通过慢下来、观察并花时间等待，我们就能更好地理解我们的宝宝，并且能更准确地回应他们的需要。她向我们展示了在尊重一个婴儿的同时也尊重我们自己意味着什么。

玛格达拥有欧洲的思维模式，而且这也反映在她的育养法中。即使你的文化背景与她相似，你也可能会发现，在本书里读到的一些内容可能与你的文化或家庭做法不同。尽管习惯和风俗可能会因文化而异，而且不同的家庭必然有自己独特的做事方式，但是，我相信育养法能够帮助任何父母更好地了解他们的宝宝，并且让父母这个角色更加轻松和有趣。育养法的精髓对各种家庭来说都是有益而且重要的，无论这些家庭是由一个单亲父母、一个母亲和一个父亲、两个母亲、两个父亲组成，还是那些祖父母在照顾宝宝方面发挥着积极作用的大家庭。

我希望你能够把《RIE 育儿法》这本书作为一个指南来使用。本书每一章都以引用玛格达的相关话语开篇。第 1 章将为你介绍构成育养法基础的 RIE 基本原则和概念。后面几章将解决一个婴儿或学步期孩子日常生活中的一些具体话题和事情，并推荐解决办法。在整本书中，很多父母以及 RIE 讲师都对育养法提出了他们的看法和见解。性别会以她或他以及他或她的形式在各章交替出现。你会注意到，特定的年龄并未暗示重要的里程碑，比如翻身，坐起来，爬和走。玛格达不喜欢将这些动作与年龄联系在一起，因为她想鼓励父母欣赏他们的宝宝正在做什么，而不是与所谓的标准进行衡量和比较。

如果你读了本书，而且下决心想要在你照顾你的宝宝的方式上做出一些改变，我建议你先从一两个 RIE 原则或理念开始，并练习一段时间，直到你和你的宝宝都感到舒适。一下子改变很多事情可能会让你不堪重负，并且让你的宝宝迷惑不解，所以，要慢慢来。不必急于一时。毕竟，这是一段持续一生的关系的开始。

我希望你能像我一样，发现育养法会如何帮助你更好地了解你的宝宝，成为一个更自信的父母，并找到更多养育的乐趣。亲眼看到一个宝宝越来越有能力、独立和足智多谋，可能是父母最大的乐趣。与孩子保持尊重、合作、亲近和充满爱的关系，就是最好的礼物。

目　录

引　言

第1章　RIE的方式　1

我们的目标是帮助父母学会如何生活，也允许他们的宝宝按照自己的方式成长……RIE的育养原则可以起到指路牌的作用，帮助你与宝宝建立相互尊重的关系……指导父母们与他们的宝宝共同创造一种更和谐而平静的家庭生活……

依恋理论 / 5
育养法 / 5
· RIE的七项原则
· 尊　重
· 真　实

第2章　家里的新生儿　19

为了照顾好你的宝宝，你首先需要照顾好你自己……学会正确地抱你的宝宝、在孩子啼哭、腹绞痛时做出准确的回应并且适应新生儿的睡眠节奏，将帮助你顺利地度过让人情绪紧张、睡眠缺乏的新生儿阶段……

照顾好你自己 / 20
观察的艺术 / 22
抱你的宝宝 / 24
啼　哭 / 24
· 安抚奶嘴
节奏、惯例以及……睡眠 / 31
· 把襁褓裹成“蜡烛包”怎么样
腹绞痛 / 33

第 3 章　照料你的宝宝　　37

你照料你的宝宝的方式，就是他感受你的爱的方式……照料宝宝是我们和宝宝一起做的事情，而不是我们对宝宝做的事情……

日常的照料 / 39
抱起你的宝宝 / 43
洗　澡 / 44
换尿布 / 48
给你的宝宝穿衣服 / 52
喂　食 / 52
· 哺乳或奶瓶喂养
· 夜间喂奶
· 断　奶
· 膝上喂食
· 使用折叠餐桌给宝宝喂食
· 在小餐桌和凳子上用餐

第4章 睡 眠 71

你的目标是帮助你的宝宝养成良好的睡眠习惯……最容易的方式就是让婴儿有一种可预测的日常生活……你越少“帮助”你的宝宝睡觉，他就能越早学会自己睡觉并且睡一整夜……

婴儿是如何睡觉的 / 72
如何看出你的宝宝是不是累了 / 74
在哪里睡以及什么时候睡 / 75
睡前惯例 / 77
当宝宝哭时……要等一会儿 / 79
不需要花招 / 82
小 睡 / 83
夜 醒 / 84
得到充足的睡眠 / 86
生 病 / 88
度 假 / 88
从婴儿床到大床 / 89

第5章 自由地活动 91

如果我们允许每个婴儿都按照他自己的时间并且以他自己的方式活动，而不是试图教他，那么，每个婴儿都能更轻松而高效地活动……

婴儿是如何学会活动的 / 94
各种携带宝宝的装置 / 102
环境、器具和衣服 / 104

当宝宝摔倒的时候 / 105

第6章 玩 耍 109

你不必教你的宝宝如何玩耍……当孩子们被给予时间和空间来不受打扰地玩耍时，他们就会培养出在上学的时候将给他们很大帮助的能力……

不受打扰的玩耍为什么很重要 / 111
一个玩耍的空间 / 113
·玩耍空间要多大
什么时候开始给宝宝玩的东西 / 117
玩的东西 / 119
父母在玩耍中扮演的角色 / 125
·观察你的玩耍中的宝宝
真诚地认可 / 129
孩子在做什么 / 131
要让你的学步期的孩子解决问题 / 132
收起玩的东西 / 134
给宝宝读书 / 135
当宝宝们在一起玩耍时 / 135
·婴儿和学步期的孩子能从一起玩耍中学到什么
玩耍为什么重要 / 140

第7章 了解限制 143

当亲子关系建立在相互尊重和信任的基础上时，婴儿和学步期的孩子就有可能毫无困难地接受限制……

设立限制为什么重要 / 147
什么时候等待，什么时候干预 / 150
揪头发 / 154
咬　人 / 156
打人和推人 / 157
哼　唧 / 158
标签是有局限的 / 159
后果与惩罚 / 160
·暂　停
分　享 / 161
有魔法的词 / 162

第 8 章　学步期的孩子　165

学步期是一段高度情绪化并且充满内心挣扎的时期……你的责任是给他提供一些明确并且一致的限制……

提供选择 / 167
认可你的学步期孩子的话语和感受 / 172
学说话的学步期孩子 / 174
发脾气 / 175
点心和吃饭时间 / 177
学习上厕所 / 178

第 9 章　当你的孩子逐渐长大以及家里有新宝宝时　183

最重要的是要记住，你的孩子的行为变化并不是“退步”，而只是他持续的成长与发展过程的一部分……

分离焦虑和陌生人焦虑 / 184
一个新宝宝 / 185
多胞胎 / 187
同胞冲突 / 190

第 10 章　孩子的看护　　195

没有适合所有家庭和所有情形的正确的解决方法，重要的是你的宝宝得到的看护的质量……

儿童看护中心 / 198
向新的照料人的转换 / 203

第 11 章　养育需要的支持　　205

父母们可能需要有人同情他们对为人父母和孩子的婴儿期的焦虑，并且分享快乐和希望，共担生活中的起伏……

后　记 / 209

致　谢 / 211

第 *1* 章

RIE 的方式

我们的目标是帮助父母学会如何生活，也允许他们的宝宝按照自己的方式成长。这种见识是没办法被“教给”的。长期的学习是一个缓慢、有机的过程——要给理解的种子发芽、生长、开花并结出果实留出时间。

——玛格达·格伯《亲爱的父母》[①]

走进一所婴幼儿育养中心（Resources for Infant Educarers，RIE）的父母–婴幼儿指导课堂或一个在婴幼儿育养中心学习过的家庭，你会发现一个被围栏隔出的封闭区域，这是为了让宝宝们玩耍而设立的一个安全区域。对于小宝宝来说，这里的地板上或

---

① 《亲爱的父母》（Dear Parent），玛格达·格伯的著作，该书以发自内心地尊重每个宝宝的个体需求及能力为基础，提出了一种健康的护理婴儿的新方法。——译者注

地毯上有一层覆盖着棉布床单的薄而结实的泡沫垫，以确保该区域能让宝宝们安全、干净地玩耍。无论大人还是孩子，在这个区域都不能穿鞋。

在 RIE 的父母–婴幼儿指导课堂上，父母们会坐在教室四周的小垫子或日式榻榻米靠椅上，并让宝宝坐在自己的腿上。当父母和宝宝刚来到教室时，他们会一起花时间在玩耍区域“热身”或过渡一下。父母们轻声地聊聊自己这一周的情况，也许会就上节课以来在家里发生的各种问题向 RIE 辅导员寻求指导。当一个宝宝表现出要到垫子上去接近其他宝宝和玩的东西的兴趣时，他的父母会将他仰面放到垫子上，或者他自己会爬向地板去探索。

摆放在房间四周的玩的东西都很简单，既没有花哨的图案也不会闪闪发光。你不会看到那些最新潮的、标榜有教育意义而且趣味十足的玩具。这些东西不会发光，也不会发出声音，除非宝宝拿着它敲击地板或另一个东西。对于一个成年人来说，这些玩的东西可能看起来无聊透顶。而且，这些东西不就是厨房碗柜里的量杯和滤盆吗？

对于小一点的宝宝来说，那里有一些叠成帐篷形状的棉手帕和几个可以放在嘴里啃咬的不同材质的物品，比如装冷冻果汁的容器的金属盖子、硅胶防烫锅垫以及木环。对于那些会爬的宝宝来说，会多一些物品，比如一些木头、金属以及塑料材质的杯子，或者一些由棉花、橡胶或塑料制成的凹凸不平的球或光滑的球。对于那些通常喜欢收集东西并将其分类的学步期的宝宝来说，那里还会有一些桶和碗。

在热身阶段之后，RIE 的辅导员会让大人们不要说话，安静地坐着观察一段时间。在大人们观察宝宝的这二十分钟左右的时间里，除了宝宝们咯咯的笑声、轻轻的咕哝声、咿呀学语声，使劲的声音，以及可能出现的物体相撞的声音外，整个房间里非常安静。他们会观察六个月大的伊莱爬向房间的另一头，去拿一个装满了球的塑料滤盆；当阿德里安娜平躺在地上用嘴咬着一个木环时，艾丹挪了过去，并从她嘴里拿走了木环。在垫子的另一边，迈尔斯和凯莎正面对面地坐着。迈尔斯拿起一个小金属杯，并与凯莎来回传递了一会儿。然后，迈尔斯用这个小金属杯敲了凯莎的头，而凯莎立刻开始哭了起来。父母们继续坐在原地，而辅导员走到两个宝宝身边，并对迈尔斯说："凯莎很难过。如果你想敲杯子，你可以在地板上敲。"她轻轻地抚摸着两个宝宝的头说："轻轻地，温柔地。"

当安排的观察时间结束时，辅导员可能会问："你从你的宝宝或别人的宝宝身上观察到了什么？你从自己身上观察到了什么？"

伊莱的爸爸说："伊莱看到了房间另一头的那个滤盆，并且努力去拿到它。当他到达那里并最终拿到手里的时候，他是那么高兴。我不得不努力克服我的急躁，因为有时候我就是想把东西递给他。"

阿德里安娜的妈妈说："当阿德里安娜躺在那里玩那个木环，而艾丹爬到她身边时，我很担心。但是，接下来我注意到她似乎根本就不在意，而且当他从她那里拿走木环的时候，她只是环顾四周，找别的东西玩。这让我很惊讶。"

迈尔斯的妈妈说："当你靠近两个孩子并说'凯莎很难过'时，迈尔斯似乎在留心听。你那么平静地来到他们身边，这帮助两个宝宝都平静了下来。"凯莎的妈妈说："我的本能反应是走过去安慰凯莎。但是，她甚至没有看我。你给了她所需要的。"

观察是一门艺术。尽管这不是大多数人都能轻而易举地做到的一件事，但是，当他们被鼓励这样做时，他们是能够学会放手并享受这一过程的。父母们能够开始放松下来，看看他们的宝宝正在变成什么样的人，而不是认为他们需要促进孩子的发展，或成为他们发展的催化剂。观察是一种双赢的情形，因为它既解放了父母，也

解放了宝宝。人们之所以来 RIE，是因为他们被自己看到的一个在这个世界上表现得更独立、更平静的宝宝迷住了，而且他们想知道："这是什么？"他们有了机会与一个自己非常喜欢的宝宝相处，他们就会抓住这个机会。最终的收获就是多观察，少干预。一位女士在自己的丈夫上过 RIE 课后说："你们对我丈夫做了什么？他完全变了。"

——伊丽莎白·梅默尔（Elizabeth Memel）

RIE 导师

在父母－婴幼儿指导课上，父母们会观察他们的宝宝，开始欣赏他们的宝宝做的所有事情，并且相信他们的宝宝能按照自己的时间表完成成长过程中的那些里程碑式的转变。通过学会克制，而不是快速干预来解救他们的宝宝或替宝宝解决问题，父母通常都会惊讶地看到他们的宝宝有多么能干。随着时间的推移和练习，父母们会变得对自己的养育技能更有信心，而宝宝们也会变得自信、自立和机智，因为无论是父母还是宝宝，都在没有任何日程表的单纯的陪伴中获得了快乐。

当我的妻子娜塔莎告诉我有关 RIE 的事情时，我说："等等，你想让我花钱和其他父母以及婴儿们一起坐在房间里，看着比利到处爬吗？我在家里就可以做！"但是，我后来真的学会了停下来并观察宝宝。

——杰里米·奥尔德里奇（Jeremy Aldridge）

依恋理论

“依恋”或“依恋理论”指的是一个婴儿与其主要照料人——大多数情况下是其母亲或父亲——之间的一种情感连接的形成。依恋关系的性质在很大程度上是通过父母对婴儿体贴的回应和婴儿-父母互动的整体质量形成的。在安全的依恋关系中，父母会帮助宝宝学会自我安慰，还会鼓励宝宝独立探索，并从宝宝的这种探索中获得乐趣。学会什么时候紧紧抓住孩子以及什么时候放手，是父母们在孩子的一生中都需要掌握的一种技能。玛格达的天才之处在于，她帮助我们从宝宝的角度看待这个世界，并教给我们很多以关心和尊重的方式回应宝宝的切实可行的方法。

育养法

玛格达·格伯说，“我们应该在照料宝宝的同时教育他们，并在教育他们的同时照料他们”，并创造了“育养者（Educarer）”和“育养（Educaring）”这两个术语，用来描述这种教育和照料相互交织的方式。她教给我们，那些换尿布、穿衣服、洗澡和喂奶等照料孩子的亲密行为，不仅是与宝宝建立关系的机会，也是学习的机会。她的方法是以一系列展现父母和宝宝之间的所有互动的 RIE 基本原则为基础的。

RIE 的七项原则

除了尊重和真实之外，RIE 的七项原则构成了育养法的基础。我们将在本章介绍这七项基本原则，并在本书其他章节进行更详细的介绍。它们并不是一套必须亦步亦趋地执行和遵循的刻板的原则，而是可以起到指路牌的作用，帮助你与宝宝建立相互尊重的关系。这些原则会帮助你自信地应对那些将不可避免地出现的养育挑战。那些运用育养法的父母，都发现它有多么灵活，并且经常说它使得养育更轻松也更愉快了。育养法指导父母们与他们的宝宝共同创造一种更和谐而平静的家庭生活。谁不想这样呢？以下便是玛格达亲自撰写的 RIE 的七项原则：

1. 对宝宝作为一个主动发起者、探索者和自我学习者的基本信任。

> “婴幼儿总是在学习。我们越少干预其自然的学习过程，就越能观察到宝宝学会了多少。”①

当你信任你的宝宝的能力时，你就能放松下来，放心地知道宝宝会在他需要你的时候让你知道，并且你不必为了让他全面、开心且健康地发展而逼迫、刺激或教他。这种信任是随着你对宝宝的观察而更好地了解他、理解他的暗示，并留意他对什么感兴趣，而逐渐形成的。所有的宝宝天生就有好奇心和内在的激励。他们不需要我们指导或教他们。要给你的宝宝独自发现和尝试的机会，并要给他们留出按照自己的步调发展所需要的时间。你有

---

① 选自玛格达·格伯的《亲爱的父母》(Dear Parent)。——作者注

时候可能会感到没耐心或焦虑，但是，信任你的宝宝独特的成长时间表会对你们两个都有好处。

2. 为孩子建立一个能确保其人身安全，在认知方面富有挑战性并能滋养其情感的环境。

> “与很多人认为的正相反，一个封闭的空间是一个安全的空间，给了婴儿在安全而熟悉的环境中活动和探索的自由。”①

玛格达对一个安全空间的定义是，如果你被锁在房间或公寓外面好几个小时，等你进来时，你会发现你的宝宝饿了、不高兴了并且需要换尿布，但其身体不会受到伤害。一个安全的玩耍空间能够让你完全放松，知道你不必为了确保你的孩子的安全而时刻保持警惕。它还给了你的宝宝在玩耍区域全面探索的自由，而绝对不会听到你说：“不要碰那个，不要爬上那里，那不安全。”要给你的宝宝提供一个没有潜在危险的安全空间——可以是一个单独的房间或者一个封闭的区域。要用四肢着地并到处爬一爬，从宝宝的视角体验这个环境。书架是牢牢地固定在墙上的吗？电源插座盖好了吗？你的宝宝有可能爬上沙发并从上面摔下来吗？如果是这样，那么你的宝宝单独待在这个空间里就不安全。要让玩耍区域足够安全，这不管对你的宝宝还是对你都有好处——他可以自由地探索，而你可以放松，因为你知道那里没有潜在的危险。

一个在认知方面富有挑战性的环境，提供了用适合孩子发展阶段的玩的东西让他进行探索和学习的机会。一个盖子可以拧开

① 选自玛格达·格伯的《亲爱的父母》(Dear Parent)。——作者注

的塑料罐子对于一个学步期的孩子是适合的，但会给一个小宝宝带来太多挑战。球对于一个处于爬行阶段的宝宝或者学步期的孩子来说可能其乐无穷——当球滚走了，他可以再捡回来，但是，对于一个还不会爬并且没有能力自己去追球的宝宝来说就不理想了。

在一个滋养情感的环境里，你的宝宝能够放松，并且相信当他需要你的时候，你将会提供情感上的支持。他可以尽情享受独立的探索，也能发起与你愉快的互动，因为你重视与他玩耍并且乐在其中。

3. 不受打扰的玩耍时间。

> “我们越少打扰婴儿，他就越容易形成更长久的专注力。”①

所有宝宝都知道如何玩耍。他们不需要我们教。和你的宝宝玩是很自然的一件事，但要让你的宝宝发起这个游戏。婴儿可以学会在自己的安全玩耍空间里一个人开心地玩耍。当婴儿有机会独立探索和试验时，他们就会发现自己内在的力量以及让他们感兴趣的事物。

当你的宝宝玩耍的时候，他不只是在摆弄一个东西。他是在了解这个具体的东西，发现因果关系以及自己如何才能影响这个东西。要让你的宝宝决定他是否想玩（或许他更愿意仰面躺着看阳光里的尘埃），什么时候玩，玩什么，怎样玩以及玩多久。每天给婴儿不受打扰的玩耍时间，可以帮助他们保持很多婴儿都与生俱来的长时间的专注，还有助于促进专注、自立和解决问题的能力。

---

① 选自玛格达·格伯的《亲爱的父母》(Dear Parent)。——作者注

4. 探索并与其他婴儿互动的自由。

> “尽管其他人往往会限制婴儿之间的互动（比如婴儿互相触摸对方），因为害怕他们会互相伤害，但是，育养者（Educarer）会通过密切观察，以便了解什么时候介入什么时候不介入来促进婴儿之间的互动”。[①]

婴儿们会对其他婴儿十分着迷。对你的宝宝来说，有机会在你或另一个专心的成年人在旁边提供情感支持并确保安全的情况下，与少数几个与其发展阶段相同的、固定的宝宝一起玩耍和探索是非常美妙的。

你的宝宝会通过与其同龄人的互动来了解自己和他人。有些时候，他可能会选择坐在你的腿上观察其他宝宝，而不是去探险。在 RIE，如果一个宝宝想在整个九十分钟的上课期间始终待在父母身边，那也很好。我们没有任何让他需要离开他的父母或者玩某个东西的日程安排。正如你的宝宝准备好了就会翻身一样，当他准备好从你的腿上下来去探索的时候，他也会让你知道，无需你的任何哄劝或催促。做好准备的时间取决于你的宝宝的性情和发展阶段。当你的宝宝准备好的时候，他会以他感兴趣的方式玩玩的东西并与其他宝宝玩耍。同时，他可能也喜欢坐在你的腿上，观察其他的宝宝和父母。

5. 让宝宝参与到照顾他们的所有活动中，以便让他成为一个积极的参与者而不是一个被动的接受者。

> “你自然而然会全神贯注地与你的孩子在一起的时

---

① 选自玛格达·格伯的《亲爱的父母》（Dear Parent）。——作者注

> 间，就是你们无论如何都会一起度过的时间——你照料你的宝宝的时间。要把那些“照料宝宝”的日常活动看作是对你们两个来说都很特别的“加油”时间——亲密地在一起的时间”。①

照料宝宝的那些时间并不是只与完成一项具体的任务有关，比如换尿布、洗澡或喂奶。它们是能让你们两个都快乐的亲密的建立关系的机会。它们是你与宝宝一起做的一些事情，而不是你给你的宝宝或为你的宝宝做的事情。你甚至可以邀请最小的宝宝参与到照料他的活动中。从你的宝宝出生开始，当你给他换尿布时，你就可以一边温柔地抚摸宝宝的屁股，一边说：“你能为我抬起你的屁股吗?”当你随着这种抚摸和话语抬起他的屁股时，他就会开始理解这些话的意思，并且到一定的时间就会参与进来。照料时间还为宝宝学习语言提供了丰富的机会，并且为参与、合作和快乐提供了可能。所以，要慢下来，别着急，一起享受这些亲密的时刻。

6. 敏锐地观察宝宝，以便了解他或她的需要。

> “我们做得越多，就越忙碌，真正注意到的就越少。”②

通过观察你的宝宝，你会开始更好地理解他，并欣赏他正在做或者学的所有的事情。奶瓶或乳房也许总是能让他停止啼哭，但是，如果他不是饿了，而是想睡觉呢？慢下来、花一点时间停

① 选自玛格达·格伯的《亲爱的父母》(Dear Parent)。——作者注
② 同上。

一下，在冲上去之前先观察你的宝宝，能帮助你更准确地回应他的需要。你可能在想："我从来不让我的眼睛离开我的宝宝!"但是，观察与用眼睛看和注视是非常不同的。它需要你让自己安静下来，略停一会儿，要有耐心，并且尽量像第一次见到你的宝宝那样看着他。这需要练习，因为我们往往只能看到我们期望看到的。通过静静地观察你的宝宝——在他的婴儿床里，在你的怀里或者当他在地板上玩耍的时候——你会更好地了解他，并从更多的细节上欣赏他正在做的一切。

7. 一致性以及明确的限制和期望，才能形成纪律。

> "在管教孩子时，努力追求的一个积极目标，应该是养育一个我们不仅爱他，而且爱与他在一起的孩子。"①

明确地设立限制并且前后一致地坚持执行，会帮助孩子感觉到安全感，因为他知道了对他的期望是什么。如果你不想让你的学步期宝宝在沙发上跳，就要让他知道，并为他提供另一个选择——建议一个他能在上面尽情蹦跳的别的东西。有时候，我们不得不一遍又一遍地重复一个限制，直到一个孩子最终将这个限制内化，并变成自律。耐心是关键。当然，一个专制型的父母也许能够更快地得到想要的结果，但是，孩子的自我意识以及亲子关系要为此付出多大的代价呢？惩罚、责骂一个反复试探限制的婴儿或学步期的孩子，或者让他去做暂停，是没有必要的，也是不明智的。

除了 RIE 基本原则之外，以下几个概念也是育养法的支柱。

---

① 选自玛格达·格伯的《亲爱的父母》(Dear Parent)。——作者注

尊 重

育养法是建立在“尊重”的基础之上的，既尊重我们的宝宝，也尊重我们自己。大多数人都赞成相互尊重很重要，但是，尊重对不同的人意味着不同的事情。对于一些人来说，尊重是一条单行道——孩子们要尊重父母和长者，但相反的方向却很少有尊重。对我来说，当人们给予我全部的、一心一意的关注时，我感觉得到了尊重；当他们让我说话而不打断我，并且不带评判地倾听时，我感觉得到了尊重；当他们即使不赞同也尊重我的观点时，我感觉得到了尊重。当我看到将人分为等级或家长制的行为时，我会生气，当我看到人们只是因为年轻或者是雇员而不是雇主就受到轻慢对待时，我也会生气。创造和谐家庭以及一个更和平的世界的关键，在于要学会如何相互尊重地交往和共存。孩子们不是在开始会走路或上幼儿园的时候才学习尊重的。他们是从一出生开始在与照顾他的成年人的互动中学习尊重的。

育养法教给我们，要通过轻轻地抚摸宝宝，稳稳地抱着他，并慢慢地移动来尊重他。我们通过在做一件事情之前告诉宝宝我们要做什么来表达我们的尊重。“我现在要把你抱起来了。”“我要去一下厨房，马上就回来。”“现在让我们脱下你的尿布。”我们寻求与宝宝进行眼神交流，但我们不强求，我们尊重他看向别处以及在需要时转向内心的意愿和需要。我们直接对着宝宝说话，并给他时间来领会我们所说的话。我们不会试图转移他的情感，而是让他充分表达自己的情绪，直到他完全表达完。在给他喂奶、换尿布、洗澡以及穿衣服等日常照料活动中以及其他时候，我们不会同时做其他事情，而是给他我们全部的、一心一意的关注。

我们通过照顾好自己的需要来表明对自己的尊重，以便我们能更轻松而愉快地照顾我们的宝宝。通过毫无内疚地尊重我们自己的需要，我们是在为宝宝做出一个好榜样——即不管我们的需要还是我们的宝宝的需要都很重要。“我知道你想让我现在陪着你，但我需要去洗澡，我一会儿就能洗完，然后我就会回来。”“我喜欢和你一起玩，但我现在感觉累了，我想在你玩耍的时候到我的房间里躺一会儿。”

真　实

真实，意味着真诚或事情的真相。让你的宝宝成为真实的自己，需要你放弃先入为主的观念，坐下来观察，并真正看到当下的他，而不是想当然地认为他会以昨天的方式做出反应。当你带着惊奇和好奇来到宝宝身边时，他会经常让你惊喜，而你对他的了解也会加深。他将让你看到真实的他是一个复杂的人，而不只是一个让人想抱抱、想亲亲的可爱的宝宝。随着你的宝宝的成长，他将学会在做真实的自己和成为一个更大的社会团体的一员之间找到平衡。

我的儿子就给我上了宝贵的一课，他教给我放弃先入为主的成见，以及随着对各种可能性敞开心扉而来的欢乐与惊喜。当伊利亚大约 3 岁时，我丈夫和我给他买了一个幼儿篮球筐。我相信我和我的丈夫都受到了伊利亚这个年龄的男孩应该开始培养打球技能这个错误想法的影响！但是，伊利亚的想法完全不一样。我看着他把他的小板凳搬到外面，放在篮筐前。然后他回到屋里，拿出了他那个装满各种小东西的箱子，并把它放在板凳旁边的地上。他一个一个地捡起那些小东西，爬上小板凳，然后把它们扔进篮筐里。有些东西直接穿过篮筐掉到了地上，而有些东西则挂在了篮网上，不得不去解开。有些东西迅速掉了下去，并在掉到地上时发出很大的声响，而另一些更轻的东西落得比较慢，会无声无息地掉在地上。当有些东西砰的一声直接掉在地上时，伊利亚会很兴奋。而当其他东西挂在篮网上时，他会充满好奇地解决这个问题。他重复这个实验很多次，并且有半个多小时的时间完全沉浸其中。这是我们期待他用这个篮筐做的事情吗？不是，但是，它却激发了伊利亚的想象力。我毫不怀疑他像一个科学家那样通过他的实验学到了很多东西。篮筐是很重要的一课，它教给我要放弃有关我认为伊利亚应该或将会如何反应的任何固定观念——无论是对篮筐还是对某些环境或情形。我没有感觉到我必须引导他或教他，而是认识到，更大的快乐是为伊利亚提供一个在认知上富有挑战性的环境，然后，在他发现自己感兴趣的事物的过程中，我就坐在一旁，放松身心，只是享受这种陪伴的乐趣。

慢下来

和你的宝宝在一起时，要尽最大努力做到不要匆忙，相反，要慢下来。这会帮助创造一种平静而安宁的感觉。这会给你的宝宝机会来注意正在发生的事情，并在力所能及的时候参与进去。究竟要多慢呢？你能有多慢就多慢。我想到的是在我家附近的公园里打太极拳的那些优雅的人们。你可能会想到慢动作播放的电影。皮克勒医生则将其描述为“带有仪式感的缓慢”。或许，你自己的经历会让你想到一个能提醒你当和宝宝在一起时慢下来的画面。

描述和交流

你和你的宝宝会通过非语言的方式——你的眼神、触摸、肢体语言及手势——互相传递很多信息。尽管与一个一开始可能听不懂你说话的人说话显得有些傻，但是，告诉你的宝宝正在发生的事情以及他正在经历的事情，不仅是对他的尊重，而且能帮助他理解他自己以及他的世界。要用语言告知宝宝在感官上正在经历的事情，但用词不要太多。“毛巾是热的。”“我听到了垃圾车的声音。”“光线很亮。”“你感觉到微风吹到你的脸上。”要用言语确认你的宝宝的感受。当他难过时，要描述你所观察到的，但不要做假设或评判。“你哭得很厉害。我听到了。”如果你的学步期的宝宝抱着一个球，因为另一个孩子从他手里把球抢走了而大哭，你不能确定他的哭是因为沮丧、伤心还是愤怒，你可以认可他的情绪，而不做具体的明确，要这样说：“戴蒙拿着球，你也想要。你很难过。”用言语将你的孩子的情绪状态像镜子一样反射给他，会让他知道他已经被看见了、被理解了，并且能够给他提供安慰。

要尽最大努力告诉你的宝宝即将要发生的事情。如果你想抱起他，要让他知道。“我现在要抱起你了，这样我们就能换尿布了。”然后，要等待他的回应，并且动作要慢。这样做不仅是尊重的，而且让他能放松下来，因为他知道不会有意外。要描述你观察到的或你们一起正在做的事情。“你在揉眼睛。看起来你好像累了。”“我现在正把香皂放在毛巾上。”“让我们扣上你的睡衣吧。”

要把你的感受诚实地告诉宝宝。这对你们双方都有好处，能帮助你释放紧张，并为一生的坦率沟通打下基础。“我累了。现在是凌晨 3 点，我想睡觉。我不知道你需要什么。”“你一直哭，我不知道该怎么办。”“我可以一整天都坐在这里，只是看着你。我的心里很充实，我是那么爱你。”

玛格达在观察和交流的重要性方面的经验得到了当今研究的支持。纽约市立大学的心理学家阿莉埃塔·斯莱德（Arietta Slade）说：“正是母亲对婴儿精神状态的变化的时时刻刻的观察，以及她将观察到的变化先通过手势和行动，然后通过语言和玩耍将其表现出来，才是体贴的照料的核心。”

本书中使用的这些描述的话语不是剧本，而只是为你提供了在某些情形下可以怎么说的例子。要以对你来说真实的方式，自然地对你的宝宝说话。

建立可预测性和惯例

与很多喜欢率性而为，并喜欢计划可能出现令人激动的改变的成年人不同，婴儿喜欢一致性和惯例。他们喜欢与前一天差不多的简单的一天——换尿布、洗澡和喂奶等事项都从容地进行。简单的惯例使得一个婴儿有可能越来越多地参与其中，并因为他知道即将要发生的事而感到很安逸。当一天中出现太多的陌生人和新奇的经历时，这种不熟悉感可能会让一个婴儿感到无助和不那么安全。当然，有些时候，一些小变化，甚至是轻微的变化，也会打破一个婴儿的平衡。为了减轻潜在的扰乱并帮助你的宝宝应对，要尽你的最大努力在变化即将发生或者发生以后告诉你的宝宝。“我现在要去厨房。”“门砰地一声被关上了，它发出了很大的声音。”“我要关灯了。”

留出等候的时间

RIE 的导师黛安娜·萨斯坎德（Diana Suskind）创造了“等候时间”（tarry time）这个词，来描述在告诉宝宝将要发生什么事之后留给宝宝的时间。尽管慢下来并告诉宝宝即将发生什么事固然是关键，但是，给他时间来处理你说的话并让他做好准备，是这个“化学方程式”的第三个要素。当你说“我现在要把你抱起来”时，要停一会儿，并给你的宝宝等候的时间来处理你说的话。如果你等待并观察几秒钟或更长时间，你会注意到他什么时候准备好了。他可能会伸出双臂、抬起肩膀或踢腿，兴奋地期待着被抱起来。

无目的时间和有目的时间

玛格达将陪伴孩子的高品质时间分为两类：无目的时间

（wants nothing time）和有目的时间（wants something time）。在无目的时间，你没有计划要做的事情。你全身心地陪伴你的孩子，随时出现在他身边。要坐在宝宝的安全玩耍空间的地板上，将你的忧虑和担心都抛到门外，只是和你的宝宝在一起。这是不发短信、不看杂志，只是完全享受与你的宝宝在一起的乐趣，并让他主导的时间。如果你习惯于同时处理多项任务或者喜欢从待办事项清单中把事情一件一件地划去，无目的时间对你来说可能会有困难，尤其是在一开始的时候。我鼓励你要坚持。许多父母告诉我，无目的时间是一种心灵的启示，而且，知道他们不必一直为自己的宝宝做事情是一种解脱。如果你发现正被吸引到电脑前或者在为其他事情分心，要在你事情不多并且能够完全陪伴宝宝的时候，再试试无目的时间。

有时候，你确实要和你的宝宝或蹒跚学步的孩子一起做一些事情，这就是有目的时间——当你想给你的宝宝换尿布、穿衣服、喂奶、洗澡或者把他放在汽车座椅上的时候。无目的时间形式是自由的而且是没有限制的，有目的时间则是有目标和要做的事情。"我想给你换尿布了。""现在该给你洗澡了。""我们现在需要帮你穿上外套。"这可能涉及设立限制以及早期的管教。"我看到你正开心地在浴缸里拍水，但现在该从浴缸里出来了。""我知道你不喜欢汽车座椅，但是我需要给你系上安全带，我们才可以离开。"在你和善而坚定地让他知道需要做什么事情的同时，要认可你的宝宝的观点，并邀请他合作。在有目的时间，没必要那么死板并且不让步，更可取的是保持平静，并坚定果断地达到你的目标。

关 注

玛格达教给父母们，给予宝宝部分时间 100% 的关注，比无时无刻关注宝宝但却三心二意要好得多。在当今这个同时处理多项任务已经成为常态的时代里，重要的是要记住，宝宝会从全神贯注的关注——也就是大人什么都不做，全身心地关注宝宝——中获得益处。这种情况最常发生在照料宝宝的日常惯例和无目的时间里，这为宝宝的感情提供了“加油”的机会，让他能够在之后心满意足地一个人休息或不受干扰地玩耍。否则，当大人的关注总是被打断或分散时，宝宝的情感需求就永远得不到完全的满足，而且，他最终会认识到自己无法获得父母全神贯注的关注。在这种情况下，他可能会伤心地放弃。

既然你已经读完了 RIE 的七个原则和主要理念，你可能想知道从哪里开始。我经常建议新手父母们先从练习两件事情开始：慢下来，并且在做一件事之前先告诉他们的宝宝。我要求他们注意他们有什么感受以及他们的宝宝如何回应。接下来的章节将详细介绍本章提到的原则和理念，而且，你会学到如何将其运用到你与宝宝的日常生活的具体情形中。

第 2 章

家里的新生儿

> 亲爱的新手父母，不要害怕。要向一个新生命的生物钟节奏妥协，你不会永远处在这种时间扭曲的状态……要将这段时间当作在一个没有时钟的小岛上度假，除了回应你自己和宝宝的需求和节奏之外，什么都不做。
>
> ——玛格达·格伯《亲爱的父母》

除非你是一名医生或护士，否则，照料你的新生儿可能是你第一次对另一个人的生命承担起全部责任。当然，你的新生儿并不是随便一个什么人，他是一个其生命完全依赖于你的可爱的孩子。第一次将他抱在怀里，你可能会被强烈的爱的感觉和柔情淹没，而同时可能会伴随着焦虑、自我怀疑和绝望。你的生活已经被深深地、极大地改变了。

新生儿期——宝宝出生后的头 28 天——对于新手父母来说会

压力很大，因为他们在努力理解他们的宝宝的需求。了解你的宝宝并理解他的信号需要花些时间，所以，如果你在头几个星期不知所措，也尽量不要担心。最终，你会开始识别出你的宝宝不同的哭声的含义，而且你会感到更自信。你抱起宝宝的次数越多、换的尿布越多，你就会变得越放松并且越自信。理解并照顾你的宝宝需要练习，所以，在你寻找你的方式的过程中，对你自己要宽容。

在一开始，你的宝宝需要在你的帮助下调节他的生理需要和情绪。你会注意到他累了，并把他放在他的婴儿床里，以便他能够休息。当你看到他饿了时，你会喂他。当他不安时，你会柔声安慰他，以帮助他平静下来。随着时间的推移，他会开始找到让自己平静下来并管理自己的情绪以应对压力的方法。他可能会吮吸自己的手指来自我安慰，或转过脸去，避开一个过度刺激源。学习调节他的身体的各种功能以及情绪，是一个需要花费时间的过程，而且他需要你的体贴、专注并且及时的照顾来完成这个过程。话虽如此，但重要的是要知道，即使非常体贴的父母也会错过他们的宝宝的许多信号。这是完全正常的，但是，当大人处于一种放松的状态而不是高度警觉的状态时，捕捉到那些信号要容易得多。给你的宝宝提供一个平和的环境和从容的时间表，让你的宝宝有机会转向自己的内在，会支持他的自我意识和自我调节能力的发展，还能帮助你保持心情的平静。

照顾好你自己

在几个月，有时是几年的期盼之后，你终于带着你的新生儿回家了。兴奋的期盼可能会变成身体上的筋疲力尽，情感上的焦虑，甚至是抑郁。你的时间表是混乱的，而且你的睡眠会不断被打断。当你试图了解你的宝宝，并照料你的生命中这个陌生而重要的人时，你会发现自己置身于一种不真实的薄雾中。为了能够照顾好你的宝宝，你首先需要照顾好你自己。如果你心力交瘁，你就剩不下多少精力来照顾你的宝宝。平衡你的需要和你的宝宝的需要可能需要好好地想一想。所以，要寻求并接受别人提供的任何帮助。如果一顿家常饭能让你感到快乐并觉得受到了很好的照顾，你可以请几个朋友给你送一两个星期的饭。如果一节瑜伽课能让你保持平衡，就让你的配偶或信任的朋友来照顾你的宝宝，以便你能按时去上课。如果一个乱糟糟的房间会把你逼疯，那么，这就是你可以在和宝宝回家的头几个星期里寻求的帮助。

那些不请自来的帮助——那些本意良好的祖父母和有了自己的宝宝的朋友们主动提供的建议——该怎么办呢？还有更糟糕的，那些对你如何照料你的宝宝的批评怎么办呢？在你睡眠不足的情况下，你可能很难清晰地说出你的想法，但是，你可以选择温和地提醒给你建议的人，虽然你很感激他们的关心，但你是这个宝宝的母亲，而且你需要练习找到你自己的方式。重要的是，你要感到自己照料宝宝的方式是有根据的，并且你与宝宝的互动是让你感觉舒服的，对你来说是对的。要尽量把注意力集中在你想如何做父母上，并且尽你最大的努力不要理睬别人怎么说。正如一位母亲最近告诉我的那样：“我的父母认为我们正做的‘RIE这种东西’非常奇怪而且过于娇揉造作。我认为他们可能感觉受到了威胁，因为这与他们养育我的方式不一样。但是，现在，他们看到了与他们的外孙在一起有那么愉快，他既快乐又合作，而他们以前认为这对于一个学步期的孩子来说是不可能的。我的母亲最近承认了这一点，并且说她很高兴我发现了RIE。”

当你没有力量或勇气对一个想过来“看望宝宝”的朋友说不的时候，要让你的配偶或一个朋友做守门人。或者，在你的宝宝出生之前，你可以选择制定一个无访客的规定，直到你的宝宝满月为止，如果你愿意的话，刚开始可以只邀请几个人来。作为你的新生儿的父母，该由你为他承担起责任，有时是面对那些热情而兴奋的想抱或摸宝宝的亲戚和朋友。祖父母想抱他们的孙辈有时是合适的，但是，当不合适的时候，你可以说："我想他现在想让我抱。"你可以通过对你的宝宝说下面这样的话，向那个大人发送一个明确的信息："我想你现在可能饿了，所以，如果你待在你的摇篮里等我来喂你是最好的。"有时候，这就足以让人们慢下来，有助于他们意识到你的宝宝不是用来抱着玩或者让他们开心的一个可爱的物品。

当人们像对待一个物品一样对待布莱安娜时，我会难以忍受。我过去或许也这么做过，但是，在成为一个母亲之前我从来不理解。她只有两个星期大，而人们会说："让我摸摸她。让我抱抱她。"甚至是在她正在睡觉的时候！大多数人不认为婴儿有自己的想法，所以，他们想不到要留心观察婴儿，看看当他们试图摸她或者抱她的时候，她是怎么反应的。

——丽贝卡·洛维兹（Rebecca Lovitz）

观察的艺术

想象有一个人正在照料你，而且他不得不在无法借助对话的情况下，从早到晚地随时弄明白你的需求。先不说你通常会像时钟一样准时在早上 7:00、中午 12:00 和晚上 7:00 感到饥饿，并且总是在 10:00 昏昏欲睡。如果你非常想吃东西，但照料你的人却让你上床睡觉会怎么样呢？如果你想休息，但照料你的人却要喂你吃东西，该多么令人沮丧啊！你的真正需求会始终得不到满足，而且你也不能完全放松下来并信任照料你的人有能力正确地照料你。

观察是“育养法”的一个关键组成部分。它将帮助你慢下来并且学会辨识你的宝宝对食物、休息、安慰和玩耍互动的需求。它会帮助你更好地了解你的宝宝并发现他对什么感兴趣。如果你的宝宝已经醒了一会儿，而你认为他可能很快就会困，要观察什么时候他的动作变得不那么确定，或者很安静地躺在那儿。他揉自己的眼睛了吗？或者他的眼神恍惚吗？如果你的宝宝在吮吸自己的手，这可能是他饿了的信号。如果他看着你，并发出悲伤或恳求的声音，也许他是想让你把他抱起来。你可以学会辨识出属于你的宝宝的其他独特的信号，以及他向你表达饿了、累了或需要情感安慰的方式。

观察是需要练习的。你可以从花五分钟时间观察你的宝宝醒着躺在他的婴儿围栏里开始。找一个靠近宝宝的地方，能舒服地坐下来尽可能隐蔽而安静地观察宝宝。如果你感到你的注视打扰了他，要通过不时地看向别处来尊重你的宝宝的隐私。要练习观察宝宝的细节。下面就是几个你可以找寻的细节：什么东西会吸引你的宝宝的注意力？他会以转动头部来对身边的一个声音或动静做出反应吗？他的手臂和腿是怎样动的，他在再次动之前能静静地待多久？宝宝在用他的手做什么？要观察你自己。你对宝宝能够保持专心和专注还是走神了？保持安静是很容易还是很难？或者，你发现自己想要摸宝宝或想和宝宝说话吗？你注意到了什么事情是第一次出现，还是宝宝总是让你惊讶？随着你能越来越轻松自如地观察你的宝宝，你就可以增加你观察的时间。很多父母说，他们很期待和自己的宝宝安静地在一起的这种时刻。

抱你的宝宝

有些父母问："我应该抱宝宝多长时间？"在头几周里，你会在喂宝宝吃奶和其他一些时候经常抱着他。在你给宝宝哺乳或用奶瓶喂他的时候，抱着他并相互凝视是多么让人愉快啊。除了换尿布和洗澡的时候，他大部分时间都在睡觉。随着他醒着的时间越来越多，他当然喜欢被你抱在怀里，但是，他也会从躺在他的婴儿床、摇篮和婴儿护栏中获益。父母有时会担心，如果他们把醒着的宝宝独自放在婴儿床上，宝宝会感到被抛弃了而且没人爱他。（尽管有一些宝宝可能会和他们的父母睡在一起，或者睡在父母房间的婴儿床或摇篮里，但我在本书中从头到尾指的都是那些睡在单独一个房间的婴儿床里的宝宝。）他们相信，只要宝宝醒了，他们就需要抱着他，并给他全部的关注。这不仅对于父母来说是不可能的，而且对婴儿也是不理想的——婴儿需要时间和空间来脱离外部的刺激，并把注意力转向自己的内在。新生儿和小宝宝喜欢舒适的小空间。在婴儿床、摇篮或游戏围栏里，他将能在适应子宫之外生活的过程中自由地伸展和活动四肢。

啼　哭

婴儿的啼哭能激起我们内心深处的某种东西。它可能会触及到我们自己童年的某种挥之不去的未得到满足的需求，或者使我们因为不知道怎么办而感到焦虑。我们对宝宝的哭声如何反应，在某种程度上是由我们独有的性情以及我们小时候如何得到照料决定的。当你还是一个孩子时，你的母亲或者父亲在你大哭的时候是如何反应的？有人主动给你一个拥抱并问你怎么了吗？只要你需要哭就允许你哭，还是你的心烦意乱会不被当回事，甚至受到嘲笑？你会得到语言的安慰和抚慰，还是告诉你要坚强起来？如果你是你的父母的话，你的做法会不一样吗？

当你的宝宝哭的时候，他需要什么可能并不清楚。如果你需要花时间来理解他不是饿而是累了，他不会出什么事。每个婴儿都是独一无二的，所以，要给你自己时间来了解你的宝宝。要尽你最大的努力放轻松、观察并学会理解他在试图告诉你什么。毕竟，你在开始一种新关系，而人与人之间的关系不会总是那么直截了当而令人满意。如果你打算了解你的宝宝，这就是极好的第一步。当几个星期过去后，你就会更容易理解你的宝宝的各种哭声，并开始对你的反应和照顾他的能力感到更自信。如果你的宝宝在头几个星期里经常哭，你要尽最大努力照顾好你自己，并且要知道这个阶段终将会过去。

哭是你的宝宝的第一语言。他用这种语言让你知道他什么时候饿了、累了或者不舒服了。也许他是太热了、太冷了，或者他的连体衣让他不舒服了。当他受到过度刺激、有肠气或者受到一声巨响的惊吓时，他可能会大哭。他也许会在入睡前以大哭来释放自己的紧张。你的任务不是不让他哭或者缩短哭的时间，而是要努力理解你的宝宝为什么哭，以便你能做出准确的回应。不要想当然地认为你的宝宝正在哭，就是需要你的安慰。有些婴儿之所以哭是为了自我安抚。不要想当然地认为如果你在安慰你的宝宝而他却继续哭，你就一定是做错了什么或者没有掌握窍门。或许，他只是还没有哭够而已。婴儿不会用啼哭来操控他们的父母；他们哭是要表达一种生理状态或情感。因而，对你的宝宝的啼哭做出回应，并不会宠坏他。事实上，准确地回应你的宝宝的需要，会给他一种安全感，因为他知道自己被听到并理解了。

当我的儿子出生时，我 26 岁，我以前从来没有接触过婴儿。我想，我认为必须为婴儿做所有的事情，就像他们是小狗或玩具娃娃一样。当我怀孕时，我的养育观念是“爱，爱他到极致，不让他感到难过”。感谢上帝，我发现了 RIE。RIE 真的让我从一开始就把艾萨克看成是一个人——只不过是一个特别小的人。而且，与一个玩具娃娃不同，一个人会解决问题、一个人会思考、一个人会哭——而这就是生活的全部。现在，他四岁半了，我真的感到我们的关系是建立在尊重之上的，我尽自己的最大努力去观察他并倾听他，而且，同时忠于我自己的需要以及我们家的规则和节奏。

——弗朗西丝·肖（Frances Shaw）

当你的宝宝哭的时候，你没有必要马上冲过去，太快可能只会增加他的不安。相反，要慢点过去，并且让他知道你就在那里。要平静地跟他说话，并且语气里要充满安慰。要避免说：“你没事。”相反，你可以说：“我听到了，我想知道你为什么哭。你刚刚喝过一瓶奶，也换了新尿布。也许你是在告诉我你已经困了并且想休息。”玛格达说过：“允许一个孩子哭，与只是抱起一个孩子并轻轻地拍他相比，需要更多的知识、时间和精力。”

不要通过把宝宝放在你的腿上蹦或唱一首愉快的歌来让宝宝从其情绪中转移注意力。试图哄你的宝宝不哭，只会让他感到与你没有情感连接，并且与你格格不入。想象一下，如果你很难过，而你信任的人对你的回应却是笑容满面地以唱歌一样的声调跟你说话并试图让你开心起来。想一想当你难过时，你希望别人做出怎样的回应。

所有的婴儿都需要哭——因为各种原因。让宝宝能完全表达自己的感受，对他来说是最好的。适应宝宝啼哭是我们的责任。如果当你的宝宝啼哭时，你感到焦虑，要慢下来并观察你的宝宝。要观察你自己。做一个深呼吸。要知道所有情绪都有一个开始和结束，啼哭也是如此，它终将结束。让情绪顺其自然，要比打断或阻碍情绪的表达好得多。要对你的宝宝说："你哭的很厉害。我希望我能知道你现在需要什么，但我不知道。让我们一起坐下来，看看你能不能平静下来。"

这么多年来，在 RIE 父母-婴幼儿指导课堂上有过很多次婴儿号啕大哭的情况，有时会哭相当长的时间。一位母亲可能会抱着她的宝宝，并说："我听到你哭了，你可以哭完。"就在你觉得这个宝宝可能会一直哭下去的时候，哭声会突然停止，而且这个宝宝从妈妈的腿上爬了下来，重新打起精神并恢复了过来，准备去游戏区玩了。哭有净化心灵、放松身心的效果，应该自由地表达。

有时候，你可能会觉得你的宝宝好像已经哭了一个小时了，但实际上他只哭了 10 分钟。当你的宝宝哭的时候，要想一想他的基本生理需要，并大声问你的宝宝这样几个问题："你饿了吗？你需要换尿布吗？你已经累了吗？"只是和你的宝宝说话，就可能会帮助你释放你感觉到的任何焦虑。如果所有这些问题的答案都是否定的，或许他是太热或太冷了，或者感觉不是很舒服。或许，你的宝宝是在用啼哭表达一种情绪的不安。或许，他受到了惊吓或受到了过度刺激。不要考虑如何阻止他啼哭，而要从以令人安慰的声音说出你观察到的情况开始。"你真的在哭。我听到了。"如果他正在躺着，你可以轻轻地抚摸他，然后就等待。让自己平静下来可以帮助你陪在宝宝身边。如果你感到紧张，要不断地提醒自己，宝宝哭是很自然的，并且要相信他最终会停下来。对父母来说，5 分钟的不停歇的哭泣可能感觉像过了 1 个小时。你越能放松下来，你就越有可能克制自己把他放在腿上蹦、发出嘘嘘声或抱着他在客厅踱步来让他平静下来。这些干预可能在当时管用，但是，宝宝很快就会习惯于这样，而且，在你意识到之前，你可能就会为安慰在半夜大哭的宝宝而轻摇他一个小时了。如果你想帮助你的宝宝平静下来，就要注意你自己的呼吸、触摸和举止。你感到紧张、不安或生气吗？如果是这样，你的宝宝可能会意识到你的心境，而这会加剧他的不安。你是你的宝宝的一面重要的镜子，你的平静会帮助他平静下来，反之亦然。知道婴儿需要哭，有时候似乎需要哭很长时间，可以帮助我们放松下来。不要感到你必须平息宝宝的啼哭或者要“解决”什么问题，而要练习给宝宝关注并且体贴地回应他。很多时候，只是坐下来静静地抱着你的宝宝，并让他哭到不哭为止，就是他所需要的全部。

当我学会了在对利亚姆的啼哭做出反应之前先等一会儿的时候，我开始能够看出并听出他哭声里的微妙差异。我听出了饥饿的哭和疲倦的哭之间的不同。我开始看他排便时的表情和姿势。我读过的其他育儿书籍灌输给我的是我应该做什么或利亚姆应该如何睡觉或进食。而在 RIE 课上，我学会了对我的宝宝当下的需求做出回应。我更懂我的儿子了。他向我表达的需求，我很少感觉好像自己在猜测了。

——迈克尔·卡西迪（Michael Cassidy）

很多时候，当一个婴儿啼哭或焦躁时，乳房或奶瓶被当作灵丹妙药。父母们是那么急切地止住宝宝的哭声，以至于他们忘记了先观察他们的宝宝，看看他真正需要什么，以便能做出准确的回应。这种事之所以经常发生，是因为宝宝的哭会让父母焦虑；他们的目标是止住哭声，这满足的是父母的需要，但不一定是宝宝的需要。当我们把目标调整为先理解宝宝的啼哭时，我们就能更准确地做出回应。

提醒你自己想想宝宝啼哭的原因是很有帮助的。看看下面列出的原因，可以帮助你确定宝宝在啼哭时想要告诉你什么：

1. 我饿了。
2. 我累了。
3. 我想换尿布。
4. 我想被抱起来。
5. 我太热了或太冷了。
6. 我受到过度刺激了。
7. 我感觉不舒服。

安抚奶嘴

玛格达反对使用安抚奶嘴，并且写道：把一个安抚奶嘴塞到一个正在大哭的婴儿的嘴里，传递的信息是："我不想听到你哭。别哭了。"我们都看到过一个沮丧的父母快速地把一个安抚奶嘴强行塞入一个正在抽泣的宝宝的嘴里，甚至都不看宝宝一眼，也不和他说话。这肯定就是玛格达在上面所写的一个例子。但是，在宝宝出生后的头几周，在他还不能控制自己的拳头或手指，并把它们伸进自己嘴里之前，给他一个安抚奶嘴来吮吸可以帮助你的宝宝平静下来。要尽量慢下来，先观察一下你的宝宝，以便确定他是否真的需要一个安抚奶嘴。你要明白，如果你给了他一个安抚奶嘴，他很快就会开始期待它，而且没有安抚奶嘴就会很不安。看到婴儿们那么迅速地习惯于某些外来干预真是令人震惊，父母们有时候会在无意中为宝宝制造出一个一开始并不存在的需求。如果你选择给宝宝提供一个安抚奶嘴，那么，非常重要的一点是，当你给他一个安抚奶嘴时，一看到他把奶嘴从自己的嘴里往外吐，就要把它拿走。在这种时候，要尊重你的宝宝哭的需求和哭的愿望，而放弃你想让他停止啼哭的愿望。如果考虑并且不加选择地使用安抚奶嘴，它们就会伤害父母和宝宝之间的关系，因为这传递了一个信息：父母不想听宝宝需要表达出来的需求。安抚奶嘴还会妨碍一个婴儿学会自己平静下来的能力。当一个宝宝开始依靠一个安抚奶嘴而不是拇指或手指或者其他自我安慰的手段时，如果奶嘴从这个不能动弹的宝宝口中滑落或掉到婴儿床外面，那么，他就必须依靠一个成年人来给他一个慰藉物，而不是依靠自己平静下来。所以，如果你选择使用安抚奶嘴，就一定要审慎。可以给孩子一个奶嘴，要仔细观察，看看奶嘴是否能帮助你的宝宝平静下来，一旦发现他通过用舌头往外推或者扭过头拒绝使用它来向你表示他不再对奶嘴感兴趣，你就要把奶嘴拿走。

当我的儿子大约 4 周大，还是一个婴儿的时候，他有一个背面粘着一个小填充动物玩具的安抚奶嘴。一天，我听到他很焦躁，并且注意到那个奶嘴已经从他的嘴里掉出来了。我的第一反应是抓起奶嘴，重新塞到他的嘴里，以便他能停止焦躁，但是，他没有看我，而且我已经认识到，当他真的需要帮助时，他知道要找一个大人，所以，我等待着。让我惊讶的是，他慢慢地靠自

己的能力——通过略微挪动身体和用头推那个填充玩具——把那个奶嘴重新送回到了嘴里。当我看着他吐出那个奶嘴，并且开始再次重复这个过程时，我为他的这个成就而狂喜！这是他在玩的一个游戏！如果我当时拿起奶嘴硬塞回他的嘴里，我就会扼杀这个游戏（以及他的积极性）。从此以后，在插手之前，我总是尽量等待他发出需要我的信号。有时候，这样做肯定是很困难的，尤其是当他焦躁不安而我的母亲又在旁边的时候！但是，我会给她讲这件事，并且解释我为什么要等待。

——阿里安娜·格罗思（Arianne Groth）

节奏、惯例以及……睡眠

和你刚出生的宝宝在家中的头几天和头几周，可能看起来就像笼罩在雾里一样，让人迷茫而困惑。很难想象在你和宝宝生活的这个“蚕茧”之外，生活还在继续着。要相信随着你们形成一种节奏和惯例，这团雾就会消散，而你会开始感觉更正常起来。适应和新生儿一起生活的很大一部分，是要学会处理总是被中断的睡眠，所以，当你的宝宝睡觉时，你要尽最大努力睡觉。如果你能在回一个电话和打个盹之间做选择，要选择打盹。要通过一有时间就休息来照顾好自己。刚开始的时候，由于你的宝宝区分不出白天和夜晚，你需要二十四小时待命。你的宝宝在白天睡觉的时间可能要比在晚上多。在头几天，你能做的就是确保你的宝宝的基本需求得到满足，你自己的基本需要也要得到满足，所以，要尽量放弃“按照一个日程表行事”的期待和愿望。如果你能喂饱宝宝，并给他换尿布，同时还能挤出时间让自己冲个澡，那就太好了！当你的宝宝长到几个星期大，白天更多地醒着，而晚上更多地睡觉时，你们会适应一种更加一致的节奏，惯例会自然地形成。

有些婴儿在很小的时候睡眠就相当有规律了，而另一些婴儿的睡眠在出生后的好几个月里似乎都很少或者完全没有规律。重要的是，要按照宝宝发出的信号让他睡觉和吃奶，而不是让他按照事先确定的、可能与其真正的节奏和需要关系不大或根本没有关系的时间表来睡觉和吃奶。你当然可以时不时地看看表，来记录距离宝宝上一次喂奶或休息过去了多长时间，但之后要观察他是不是累了或饿了。尽管你的新生儿宝宝大部分时间都在睡觉，但是，留意他要睡觉的信号是从一开始就应该养成的一个好习惯。同样，你要在你观察到宝宝饿了的时候来给他喂奶，而不是按照一个精确的时间表。当然，你可以看看时间，以便你能记录下上一次喂奶的时间（或者用一款方便的智能手机应用程序），然后，要观察你的宝宝，看他是不是真的饿了，要知道最终的答案将来自于他。

把襁褓裹成“蜡烛包”[1] 怎么样

当你的宝宝马上要睡着的时候，你或许会惊讶地看到他突然惊了一下。他的胳膊和腿可能会抽动，或者整个身体可能会颤动或发抖。这些无意识的动作是正常的，并且很快就会消失。在医

---

[1] 所谓“蜡烛包”，就是把宝宝的胳膊、腿拉直，然后用襁褓将其紧紧包住，再在襁褓外系上两根带子——在胳膊和腿处各系一根，从而最大限度地限制宝宝的活动空间。据说这样能防止宝宝出现罗圈腿。——译者注

院里，很多宝宝一出生就会立刻被用襁褓紧紧地裹成“蜡烛包”——约束住宝宝的胳膊和腿，并限制它们的活动。但是，玛格达反对任何束缚宝宝自由活动的东西，而一个裹得紧紧的“蜡烛包”肯定不允许宝宝活动身体。在一个腿和胳膊都被紧紧裹住的“蜡烛包”里，宝宝无法使用自己的手或手指来自我安慰。如果臀部被裹紧的话，还可能会增加髋关节发育不良①的风险。

我曾经参加过 RIE 的一个课堂练习，我被裹成“蜡烛包”，作为从一个婴儿的角度进行体验的一种方式。甚至在我的搭档还没有把我裹好之前，我就非常恐慌，并让她尽快解开襁褓。从那以后，我怀疑那些被裹成“蜡烛包”的宝宝之所以安静下来并入睡，是因为这要比由于不能动弹而感到恐慌或身体的不舒服更可取。

能让宝宝的胳膊和手自由活动的睡袋，是比“蜡烛包”好得多的一种选择。因为睡袋在宝宝的臀部和腿部周围很宽松，你的宝宝可以平躺着休息，他的臀部可以在一个自由的空间完全放松下来。睡袋应该在你的宝宝出生后的头几个月使用，而且在你观察你的宝宝试图翻身成侧躺之前，就要停止使用。到这时，他将需要他的胳膊、腿、脚自由地活动，以便他能用它们来保持侧躺时的平衡。

腹绞痛

当一个宝宝由于某种不明原因而烦躁或大哭时，父母有时候

---

① 髋关节发育不良（Hip Dysplasia），是一个病症。先天性髋关节脱位和髋关节发育不良，也统称弹响髋。影响髋关节发育的原因有很多。——译者注

会说他们的宝宝是得了腹绞痛或者一定是在出牙。也许，给一些事情贴上标签有助于安慰那些非常想理解宝宝发出的每一声啼哭和表现出的每一种疾病的父母们。但是，腹绞痛是一个很容易把人弄糊涂的话题，而且一个宝宝是否患有腹绞痛，是有各种不同解释的。大部分婴儿在一天的傍晚时分都会“烦躁”。他们会断断续续地哭，或者持续哭一会儿。这是很自然的。这些发生在下午晚些时候以及晚上早些时候的啼哭，通常会在宝宝出生后的几个月里逐渐减少。但是，并不是所有号啕大哭或哭很长时间的宝宝都有腹绞痛。

患有腹绞痛的宝宝会持续哭，每天至少三个小时，不管白天还是晚上随时都会哭，而且中间很少甚至几乎不停歇。除了啼哭，他可能还会四肢僵硬，并且伸直双腿或把腿蜷缩到胸前，弓起后背，并且以让人惊恐的声音号叫。一个患腹绞痛的婴儿是在表达其身体的不适。患腹绞痛的宝宝的肚子可能会膨胀、胀气，并造成宝宝很痛。一些母乳喂养的宝宝对自己母亲的饮食中的食物很敏感，而这可能会造成腹绞痛。像西蓝花和卷心菜之类的蔬菜往往会产生很多气体，而柑橘属的水果①、乳制品和其他一些食物也会造成麻烦。如果你认为你的饮食中某些东西可能会让你的宝宝肚子不舒服，你或许想把你吃的东西记录下来，每次去掉几样食物，看看你的宝宝对此是否会有积极的反应。腹绞痛也可能是由配方奶过敏或胃食管（胃酸）反流造成的。这两种情况都会造成肚子痛和喂奶后吐奶。

一些对外界刺激特别敏感并且更难于安抚的宝宝，有时候会被认为患了腹绞痛，尽管这种不舒服并不是身体上的。无论哪种原因，宝宝长时间的啼哭都会让新手父母们身心俱疲。在这样的

---

① 柑橘属，芸香科的一属，常称柑橘。柑橘属的水果主要包括柑橘、柠檬、柚子、橙子等。——译者注

时候，绝望的父母们会采取一些毫无希望的措施，比如把宝宝放在腿上上下颠，并且摇晃他们的宝宝，有时会持续好几个小时。不要这样做，而要尽最大努力为你的宝宝营造一个平静并且令人安慰的环境：调暗灯光或干脆把灯关掉；关掉电视、收音机或音响；慢慢地抱起你的宝宝并慢慢地走；轻声说话；当你需要给他换尿布时，动作要像通常那样慢而轻柔。不要想当然地认为你的宝宝需要一直被抱着。平躺着对他来说可能更舒服，那样他可以选择伸展双腿或者把腿蜷到肚子上来帮助自己排气。如果他有胃酸反流，他就需要保持直立一段时间。

如果你的宝宝患有腹绞痛，要向你的医生询问医学建议，并请值得信任的朋友或家人帮助你照看宝宝，以便你能出去散散步或者只是到室外待一会儿。

在新生儿阶段，你或许会觉得日子好像过得难以置信地缓慢，但是，突然之间，你的宝宝就一个月大了！时光怎么会过得这么慢，而又这么快呢？或许是因为这段时光的新鲜、喜悦和惊奇，情绪的紧张，睡眠的缺乏。在你了解你的宝宝，并找到你建立一种节奏和惯例的方法的过程中，要善待你自己。

第 3 章

照料你的宝宝

你照料你的宝宝的方式，就是他感受你的爱的方式。

——玛格达·格伯 《你的自信宝宝》

换尿布、洗澡、喂食等照料婴儿的日常事务往往被认为是一些“任务”，要急匆匆地做完以便继续做别的事情。但是，一个婴儿的一天是由日常的照料事务、不受打扰的玩耍和睡觉组成的，所以，我们急什么呢？而且，当我们以一种快速、机械的方式急匆匆地度过这些亲密的照料时间，而不给予宝宝全部的关注时，我们传递给宝宝的是什么信息呢？玛格达·格伯教给我们，照料时间就是建立关系的时机。当我们相信这些时间很重要时，我们与宝宝的互动就会不一样。我们会慢下来。我们会给予宝宝全部的关注。我们会请求宝宝合作并参与。照料宝宝是我们和宝宝一起做的事情，而不是我们对宝宝做的事情。

RIE 教给我，每一项照料任务（不管是换尿布还是提供食物）都是与你的宝宝连接的一次机会。这完全改变了我的观点：从一项为别人做一件事的义务（苦差事）变成了与我爱的人共度一段有意义的时光的机会。

——切特·卡拉汉（Chet Callahan）

婴儿的信任感始于其身体。当他被抱起、放下、抱着走的时候觉得安全吗？他在抱着他的臂弯里能放松下来，还是会浑身紧张、无法完全放松？碰摸他身体的那双手是温柔而自信的，还是粗鲁、不安全的、冷漠的？当他看向照料他的人的眼睛时，他感觉到情感连接、被看到并且被理解，还是那双眼睛看上去空洞而冷淡？我们照料我们的宝宝的方式，我们的手的触摸，我们的声音和姿势——这些加在一起表达着我们对他们有怎样的感觉，我们有多么重视并爱他们。婴儿的自我意识和自我价值感是在这些共同度过的亲密的照料时间里反射给他的。

一个相信婴儿完全没有能力的人，与一个相信婴儿有思想、情感、独一无二的观点和一定能力的人在照顾宝宝的方式上是非常不同的。当我们相信一个婴儿能够参与时，我们的行为就会改变。当我们与婴儿沟通我们一起做的事情时，我们就是在邀请他参与。我们传递的信息是宝宝的参与是受到重视的，而且对我们很重要。当宝宝参与时，他的能力就会向我们显示出来。看到一个小婴儿有多么能干，可能会让我们大吃一惊。在换尿布时，我们可以说："你愿意为我抬一下你的屁股吗？"一开始，邀请一个婴儿参与可能会让人感到尴尬和奇怪。但是，当你让你的宝宝参与进来时，你是在说："我重视你的参与。你能做到。我们可以一起做。”新手父母和其他照料宝宝的人通常都会对一个婴儿实际上能理解并做那么多事情感到惊讶。邀请婴儿参与会帮助建立合作、培养专心和专注力，并在父母和宝宝之间建立更深的情感连接。

日常的照料

你每天早晨的惯例是什么？当闹钟一响，你是从床上跳起来，咔哒一声按下咖啡机开关，冲向浴室，以一个特有的顺序冲澡、打理头发并穿好衣服，大口喝下一杯咖啡，然后冲出门去？还是在按下闹钟的止闹按钮三次之后才起床，在去浴室之前先把要穿的衣服摆好，一边读报纸一边悠闲地吃早餐，然后开始新的一天？无论你的惯例是什么，每一天可能几乎都不会有什么变化。如果一件小事情出了岔子，你可能就会感觉失去了平衡，而且这一天可能就会有一个糟糕的开始。如果你的惯例中有好几件事情都不像平常那样，你或许就会想：“这到底是怎么回事？”在日常生活方面，我们大多数人都喜欢一致、惯例和规律性。

你的宝宝也是这样。

任何一项照料任务的一个重要方面，就是要有一个可预测的惯例。这会帮助婴儿有安全感，因为他能学会预期接下来会发生什么，并在自己有能力的时候可以参与进来。有一种可预测而不是随心所欲的方式，能让宝宝知道你的期望是什么，并且为管教打下基础。无论是哪种照料任务，这里都是一些基本的照料理念。

- **提前准备好环境**。一旦你抱着你的宝宝去尿布台、浴室或喂奶的地方，你就应该全身心地投入到你们一起做的事情中，不受任何干扰。要提前准备好奶瓶，而不是把宝宝抱在臂弯里之后再准备。在把你的宝宝抱去浴室之前，要先摆好洗澡需要的一切东西，并把浴缸放满水。在把宝宝带去尿布台之前，要先检查一下，以确保你已经准备好了尿布、婴儿湿巾和干净的连体衣。

- **慢下来**。要通过慢下来、等待并给你的宝宝机会为接下来要发生的事情做好准备，来帮助他将精力集中在眼前的任务上。要给他留出时间来与你做眼神交流，跟上你的动作，咿咿呀呀地发声，并且用其他方式回应你——以及你回应他。慢下来有助于造成一种平静感。快速慌张地换尿布无法给你的宝宝提供跟上这个过程中的每一个步骤的机会。当你慢下来时，你的宝宝就能够观察并最终了解这个可预测的惯例中的每一个步骤。当他熟悉了这个惯例时，他就能预期接下来会发生什么，使他有可能在有能力的时候配合地参与。虽然现在难以想象，但是，你的宝宝最终将学会自己洗澡、穿衣。如果你能慢下来，以便让他从一开始就能参与到照料自己的活动中来，他就能自信而胜任地承担越来越多的照料自己的任务。

- **描述**。在照料婴儿时做现场解说当然是没有必要的，甚至是不明智的。如果你喋喋不休地说，你的宝宝就会像一个成年人那样选择不予理睬。要告诉你的宝宝接下来会发生什么。“我知道你饿了。我要去厨房给你准备奶瓶了。”“该给你洗头发了。我想先弄湿你的头发。你可以把你的头向后靠靠吗?”如果你在这个过程中描述每一个步骤，你的宝宝就能够放松下来，知道你总是会告诉他接下来会发生什么，不会出现意外。

描述，是在你和你的宝宝之间建立信任感的一个重要部分。它还能帮助你全身心地关注你的宝宝，而不是让你的思绪游移到不得不回的电话或今天晚些时候要完成的事情上。有时候，对一个无法进行语言交流的人保持专注是很难的，所以，说出你们将要一起做的事情能帮助你保持与你的宝宝合拍。

照料是你和你的宝宝之间的一场你来我往的舞蹈。要描述你们将要一起做的事情并请求你的宝宝合作。当你跟他说话时，要看着他的眼睛，并对他的身体动作和咿呀学语做出回应。宝宝学说话的一个途径是别人对他说话，跟他说说你们将要一起做的事情当然是有意义的。尽管你的宝宝或蹒跚学步的孩子可能还说不出可辨别的词，但是，他会通过眼睛、面部表情和身体动作传达很多信息。如果你的宝宝指向了某个东西，就要将这个东西包含在你对他说的话中。

一开始，当你和你的宝宝说话时，他可能只是看着你的眼睛。但是，当你养成描述的习惯时，你的宝宝将学会理解你说的话，并将在他有能力而又感兴趣的时候参与进来。当你说“该脱下你的尿布了”，而有一天他尖叫着并抬起自己的双腿时，你会非常高兴。当你告诉他该洗澡时，他可能会高兴地发出咕咕声并怀着兴奋的期待踢着腿。通过观察你的宝宝、描述并对他发出的声音和身体动作做出回应，你就是在为你们之间持续终生的相互尊重的沟通打下基础。

- **留出等候的时间**。当你给你的宝宝换尿布、洗澡或喂奶时，要给他留出等候的时间，以便他能理解你告诉他的事情以及在继续下一步之前将会发生什么。不要不提醒你的宝宝就一把把他抱起来，而要跟他打声招呼，告诉他你们要做什么，并且要等一会儿——给他时间来领会你说的话并让自己做好准备。“艾利克斯，我看到你正在玩杯子，但是，我要把你抱起来，以便我们能给你换尿布。”要等到他理解了你说的话，并表现出他准备好了。或许，他听到你说的话之后，又把自己的注意力转回到了杯子上。这时，你可以说：“艾利克斯，看起来你还没有完全准备好。我们可以等一会儿。”然后……等一分钟。如果时间过去了而他仍然没有准备好，你可以说：“艾利克斯，看起来你还是喜欢玩杯子，但是，现在该给你换尿布了。”要等一会儿，给你的宝宝时间来领会你说的话，并告诉他你要把他抱起来了。动作要慢。他可能会反抗，并伸手去够杯子。如果他这样做，你可以说：“你在够杯子，我知道你想继续玩，但是，现在该给你换尿布了。等换完后你可以继续玩杯子。”尽管在换尿布的时候让你的宝宝玩东西似乎更容易换，但是，这会将他的注意力从你以及他身上正在发生的事情转移开，而且换尿布这件事情会从你们两个人一起做的亲密的事情变成你对他或者为他做的事情。

■ **确立可预测性和惯例**。你的宝宝不会因为每次都遵循同样的简单惯例而感到厌倦。他实际上很喜欢这样。随着时间的推移，他会开始理解、期待并越来越多地参与到照料中。要尽量每次都在同一个地方给你的宝宝换尿布、洗澡和喂奶。有些时候——不管是小到家里来了客人，还是大到搬了新家——惯例必须改变。在这些时候，日常生活中的这些惯例会显得更加重要，因为它们能为宝宝提供某些可以依赖的一致性。

- **给予你的宝宝全部的关注**。当你要给你的宝宝换尿布、洗澡或喂奶时，要关掉手机，并让其他人不要干扰。在可能的时候，要预料到并且不理睬各种干扰。要将打来的电话转至语音信箱。要将照料时间当作是一对一的特别时光。当你给你的宝宝专心的关注时，你传递的信息是“我在意你，这段时间只是给我们两个人的。”当然，有时候确实会出现干扰。宝宝的哥哥或姐姐可能会要某个东西，或者可能会出现另外一些意料之外的干扰。当出现这种情况时，要尽你最大的努力让这种干扰尽快过去，并为此向你的宝宝道歉——就像你向成年人道歉那样。

抱起你的宝宝

在给你的宝宝换尿布、洗澡或喂奶之前，第一步要先做什么？你必须先把他抱起来！大多数成年人甚至会将很小的婴儿竖着抱在自己的胸前，让婴儿的头贴着他们的肩膀。但是，皮克勒医生和玛格达·格伯教给我们，永远不要将婴儿摆成他们自己无法做到的姿势。这意味着，在一个婴儿能自己坐起来之前，他都应该被以水平的姿势抱着，让其头部、颈部和脊椎完全被托住。做法如下：

慢慢地走过去，把身体降低到宝宝所处的高度，并温柔地对他说话，让他知道你在他身旁。要与他做眼神交流。如果他平躺着，要温柔地抚摸他的胸部；如果他趴着，要温柔地抚摸他的背部。要告诉他你要把他抱起来。暂停一下，并给他等候的时间，来让他领会你说的话。要寻找他准备好被抱起来的迹象。你可能会感觉到他的胸部或背部放松了，他可能会因为期待被抱起来而开始扭动，或者可能向你张开双臂。

无论你的宝宝面朝什么方向，你都可以把他抱起来，但在这里，我们假设他是平躺着的，头部位于你身体的左侧。首先，要用你的右手轻轻地托起他的右肩，以便你能把你的左手和左前臂伸到他的头部及以下部位的下面，托住他的脊椎和臀部。把你的右手和右前臂伸到他的腿和屁股下面，以便他能舒服地躺在你的怀里，头枕在你的左臂的臂弯里。要检查一下他的头部、颈部和脊椎是否都被托住了。要确保他的胳膊没有被卡在你的胳膊下面；你的宝宝的胳膊和腿都应该在他的身前，以便他可以自由地活动四肢。从这个“摇篮”的姿势，你的宝宝将能够仰面看到你——他的“安全基地”。

如果他是趴着的，要扶住他的头部，轻轻地将他翻成平躺着，并按上述方法将他抱起来。

在把宝宝放下来的时候，要先将他的屁股放在毯子、婴儿床或其他平面上，然后，慢慢地将他身体的其他部位放下来。当他的胸部放下来时，要轻轻地把放在他腿部的胳膊抽出来，并用这只手拖住他的头部。然后，抽出另一只手，用双手捧住他的头部，并慢慢放下来。在这样做时，要尽量流畅而缓慢。

当你的宝宝能够自己坐着时，将宝宝竖起来抱着可能会让他觉得熟悉而舒服。

洗　澡

洗澡时间对于你们两个来说可能都会很愉快，因为你的宝宝喜欢被托着放在水里，活动自己的胳膊和腿，并欢快地拍水。那些对温度变化很敏感的新生儿，一开始可能不喜欢洗澡，所以，在宝宝出生后的头几个星期，你可以选择用海绵给他擦洗身子。更可取的办法是给你的小宝宝涂好香皂和洗发水，只在冲洗时把他放在浴缸里，以此来避免让他长时间泡在水里。你可以在浴缸旁的垫子或尿布台上做这件事。要在垫子或尿布台上铺一块防水布或浴巾。要将你的宝宝放在浴巾上，当你给他清洗时，用浴巾盖住宝宝身体的其他部位，以便他不会感冒。像在任何情况下一样，要观察你的宝宝，看看他有什么反应。当你把他放入水中时，要轻轻地但稳稳地托住他。没必要将浴缸装满水，只要5~6厘米深的水就够了。

- **提前准备**。要把你需要的所有东西——毛巾、香皂、洗发水、浴巾以及几个洗澡玩具（给学步期的宝宝）——准备好，以便随手就能拿到并且随时可以使用。要提前准备好洗澡水，在将宝宝放入水中之前，要确保水温合适——大约49℃。

- **慢下来**。当你慢慢地将香皂抹在毛巾上或将洗发水挤到手里时，你的宝宝可以注视着你在做什么，在能参与时参与进来，放松下来并愉快地洗澡。要观察宝宝，以确保你的动作足够慢，让他跟上你的节奏。

- **描述**。在给宝宝洗澡时可以说什么呢？这里只是一个例子：“我正在把香皂涂到毛巾上。你可以把头转到这边来吗？我给你洗耳朵后面。现在，我要给你洗额头和脸蛋了。你能把下巴抬一下，让我洗你的脖子吗？”你不必像背诵独白一样，但是，一定要向宝宝沟通接下来要发生的事情，并对他感兴趣的事情做出回应。

- **留出等候的时间**。在告诉你的宝宝将要发生的事情之后，要给他时间来领会你说的话，并观察他什么时候为下一步做好了准备。这样，他就会感到很安全，知道不会有出乎意料的事情，并且能够在他准备好之后参与进来。

- **形成可预测性和惯例**。你可以用各种各样的方式来做到这一点，其中一种方式是每次洗澡都按照从头到脚的顺序来洗。这样，他将会知道在他的脚洗完之后洗澡就结束了。如果他的年龄大到了可以玩洗澡玩具，他就会知道在最后一步完成后，就可以把洗澡玩具放进浴缸。洗澡不是胡乱地抹上肥皂和洗发水，遵循一个可预测的顺序可以让孩子理解这个过程中的每一步，而且当他准备好时，他就会开始越来越多地承担起给自己洗澡。

一个16个月大的孩子流着鼻涕，你希望把它擦掉。你已经知道重要的是要从前面接近他，以便他能看见你，并且要尊重他，告诉他你计划做什么并请求他合作。但是，你从这个孩子身上已经知道，最快、最干净地擦掉他总是流着的鼻涕的方法，是在他有时间从你身边跑开并将脸埋进沙发里之前，在他不知道的情况下从他的背后抓住他，抱住他的头，擦掉鼻涕，然后就走开。该怎么办呢？

像这样的时刻，对于照料孩子的人来说就是关键时刻。你如何将育养的理念运用到这种时刻？而且为什么你应该运用呢？

首先，这个孩子已经知道他可以信任你照顾他。他正在了解自己在这个世界上的位置。他参与到与自己有关的事情中了吗？他参与了有关自己日常生活的决定，还是他只是被动地接受发生在自己身上的事情？你要求他要尊重你的身体以及他的朋友们的身体。他不应该推、戳或拉其他孩子。他正在学习这一课。但是，他得到的信息是前后一致的吗？他得到了同样的尊重吗？每一次他在自己知道之前就被擦掉鼻涕，每一次在玩游戏的时候被从背后抱起来去换尿布，每一次他的照料者把他的故事笑着告诉另一个大人并且让他听到，他都在得到一个信息，而这个信息就是"要被动、屈服并且接受"，他的身体不是他自己的，他专心致志地做着的事情是不被认可和重视的，他对各种事情的贡献是不重要的。

当你看着他的时候，你看到的是一个拥有学步期孩子经历的每一天所带来的所有经验、对有轮子的东西感兴趣并且喜爱烤面包，而且一天中最喜欢的时刻是偎依在你身边一起读书的孩子吗？还是说，你看到的是一只流着黏液的鼻子？

要让他知道，你看到他的鼻涕流了出来，并且需要擦掉。要拿来一个纸巾盒，并让他抽出一张纸巾，自己先擦一次鼻子。然后，要让他把纸巾给你，并告诉他你愿意帮他把鼻涕擦干净。如果可能，要给他一面镜子，以便他能看到擦鼻涕的过程。还要让他一起去洗手。在这个过程中，要给他去做并参与的机会。你甚至可以更进一步，让这件事成为你们之间的一次特别时刻，一个让他多擤一次鼻涕的机会，如果他想这样做的话。

尽管你做了这些改变，他可能仍然试图跑向沙发，将鼻涕蹭到沙发上。在你拿着纸巾盒靠近他，而他开始迅速跑开的时候，要蹲下来并抓住他。你可以通过用胳膊抱住他并与他进行眼神交流来让他停下来。你可以跟他解释，你需要在他跑到沙发旁之前给他擦鼻涕。要给他一点时间让他合作，然后轻轻地擦他的鼻子。如果你坚持这样做，随着时间的推移，他就会参与并与你合作。他有时候甚至可能会让你帮助他。在某个时刻，你就能够把纸巾放在镜子附近的一张桌子或架子上了。

——黛博拉·格林沃尔德（Deborah Greenwald）
RIE 导师

换尿布

换尿布传统上被认为是一件卫生工作，是为了防止尿布疹[①]，并保持婴儿的干净、干爽和舒适。但是，玛格达教给我们，换尿布的意义要多得多。对你的宝宝来说，这是一个给情感“加油”并且建立关系的机会。当我们考虑到大多数婴儿在小时候要换5000多次尿布时，换尿布就具有了相当重要的意义。为什么不充分利用这些和孩子在一起的时刻呢？新手父母经常说：“在换尿布、喂奶和照料宝宝的需要——就不提我自己的需要了——之

① 尿布疹（diaper rash），俗称红屁股（即红臀，儿科病名），是婴儿常见的皮肤病，即在尿布部位发生边界清楚的大片红斑、丘疹或糜烂渗液，甚至继发细菌或念珠菌感染。该病主要是由于尿布更换不勤或洗涤不干净，长时间接触、刺激婴儿皮肤；或者尿布质地较硬，发生局部摩擦而引起的。——译者注

间，我没有剩余的时间或精力单纯地陪伴我的宝宝。”但是，给你的宝宝换尿布就是“陪伴”他，所以，只要你能够做到，就要花时间愉快地与你的宝宝一起完成这件事情。

大人如何看待给宝宝换尿布会造成完全不同的结果。当换尿布被看成是一件讨厌的琐事、一项要尽快完成的脏活时，大人可能就会快速而高效率地把它做完，或许还会在宝宝的手里放一个玩具来分散他的注意力。当这个大人集中精力换尿布时，几乎不会与宝宝有目光接触或沟通。如果宝宝啼哭或者反抗，这个大人可能会加快动作，并告诉宝宝：“我们马上就换完了，然后你就可以玩了。”

但是，这样做是在告诉宝宝什么呢？快速而机械的换尿布方式传递了一个负面信息——照顾身体和大小便是令人不愉快的。当给宝宝一个玩具以分散其注意力时，这个想法就得到了强化。他学会的是无视自己的身体，而不是感觉到自己的身体被冷漠对待并与这个大人失去了情感连接。他会养成不关注自己的身体的习惯，养成不关注正在进行的事情的习惯，并养成不关注父母或照料他的人的习惯。

另一方面，当我们将换尿布看作是亲密和学习的一个机会时，它就会具有深远的意义和重要性。当你体贴地给孩子换尿布时，就能够给他提供一种安全感，一种被尊重、被细心照料的感觉。他能够通过你的双手、你的声音和眼神感觉你的感受。

要提前**准备好**你需要的东西。在把你的宝宝带到尿布台上去之前，要准备好所有东西——尿布、干净的衣服、婴儿湿巾、润肤乳。要关闭手机，以便你不受干扰。要告诉你的宝宝：“我现在关上了手机，因为这段时间只是属于你和我的。”大声地把这句话说出来，能够强调和他在一起的这段时间对你们两个来说有多么重要。

要**慢慢地**靠近你的宝宝，并告诉他你要给他换尿布。如果他在尿布台上分心了，要等到他集中了注意力再开始。

描述接下来要发生的事情，并邀请他参与。要记住给他等候的时间，以便他能领会你说的话。如果他不参与，要知道他很快就会理解你所说的话的含义。合作是一种可能性，但肯定不会总是合作。

在换尿布时的描述可以像下面这样，但不应该成为实况报道（还有些时候，你的宝宝累了或者是在半夜里，你需要少说话或者不说话）：“纳特，我想脱下你的裤子，你可以抬起你的屁股，让我把它脱下来吗？[宝宝抬起屁股，大人脱下他的裤子] 现在，让我们脱掉你的尿布。你想解开尿布的粘扣吗？[记住，宝宝是有能力的！] 你现在看上去不太想做，所以，我来做。[解开粘扣] 这发出了声音。现在，我要解开另一边的粘扣了。[拿起脏尿布，给宝宝看看] 这就是你的脏尿布，我要把它折起来，放到垃圾箱里。[温柔地抚摸宝宝的腿弯。] 你能为我抬起你的屁股吗？[如果宝宝没有抬起屁股，就把你的手或前臂伸到宝宝的腿弯里，然后抬起来。不要将两只脚踝握在一起，并且用这种姿势将宝宝的腿提起来，因为这会造成宝宝的背部反射性地拱起从而绷紧屁股，使得妥善地清洗变得很困难；这还会让宝宝不舒服。] 现在，我要给你擦屁股了。[给宝宝看看湿巾。] 湿巾有一点儿凉。这是你的新尿布。[给宝宝看看新尿布] 我要把它放到你的屁股下面。谢谢你。现在，你可以把腿放下来了。[将尿布提起放在宝宝肚子上，并从两侧裹住。] 你想按一下粘扣吗？[宝宝没有反应，所以妈妈按上了粘扣。] [宝宝看着灯，然后看向妈妈。] 你刚才在看灯。[停一下，等宝宝集中注意力。] 让我们把裤子穿上吧！[摸摸宝宝的一条腿] 你能为我把这条腿抬起来吗？[穿上这条腿的裤子。] 再抬起另一条腿怎么样？让我们把裤子提上你的屁股！好了。[停一会儿。] [母亲手掌向上，伸到他面前。] 你准备好让我抱起来了吗？[抱起宝宝。如果还是玩耍的时间，为保持一种连续感，要将宝宝放回他之前玩的东西旁边。] 我要把你放回去了。这是你的球。我要去洗手了，我会马上回来。”

一旦宝宝的活动能力变得更强，换尿布可能会成为一个更大的挑战，因为他很可能不想静静地躺在尿布台上。他可能会翻个身趴着，或者用四肢撑起自己。这个时候要怎么做呢？首先，放下你的期待可能会有帮助。你的宝宝没有动，只是因为他当时没动，他是喜欢不停地动的。所以，期待他开心地躺着一动不动地换尿布是不现实的。

要通过学习在宝宝用四肢撑起自己时给他洗屁股并换上干净的尿布，来适应动来动去的宝宝。如果你的宝宝正站着，当你给他换尿布时，可以让他站在地板上，用手抓住一个结实的表面。这听起来可能很疯狂，但是，改变你换尿布的方式以适应一个乱动的宝宝，可以避免将换尿布变成一个战场。虽然给一个不是仰面躺着的宝宝换尿布需要练习，但这是能够做到的。

在试图给一个扭来扭去并且不合作的宝宝换尿布时，人们往往倾向于快点做，以便尽快换完尿布。但是，当我们的动作加快时会发生什么？我们的触摸会变得不那么轻柔，而且我们会失去与宝宝的连接。我们会变得很沮丧，而宝宝会变得很焦躁。所以，要慢下来；甚至是停一会儿。要看着你的宝宝并跟他说话，认可他的观点。“我知道，当你想动的时候要静静地躺着很困难。但是，我们需要给你换尿布。你能不能为我安静地只躺一分钟？我想脱下你的脏尿布，并且给你洗洗屁股。”他可能仍然扭动，而你可能不得不温和而坚定地让他不能动，以便你能换完尿布。要注意你的语调和呼吸。如果你感到很沮丧，要告诉你的宝宝：“我很沮丧。当你扭来扭去的时候，我很难给你换尿布。”有时候，只是把这些话大声说出来，我们的沮丧就会消散。

给你的宝宝穿衣服

想象一下你无法自己穿衣服，你希望别人怎么触碰和挪动你呢？你可能更喜欢别人慢慢地、轻轻地挪动你，而且挪动得越少越好。如果你被唐突地从一侧翻到另一侧，或者你的头被不必要地大幅度托起，你就很难放松下来。当你给你的宝宝穿衣服或脱衣服时，要尽量挪动衣服来完成这件事，而不是挪动宝宝。也就是说，你要尽最大努力尽量少并尽量温柔地挪动你的宝宝的四肢，要挪动衣服来给宝宝穿上或脱掉。比如，在穿一件毛衣时，要把你的手从毛衣的肩部一直伸到袖口处，以便你的手指从袖口伸出来。这时，要将拢在一起的袖子套在宝宝的手上，然后，轻轻地握住他的手，将毛衣拉过他的胳膊和肩膀。在穿另一侧时，也要这样做。当你给宝宝穿连体衣时，要将连体衣拢起来，尽可能小幅度地把宝宝的头从尿布台上托起来，并将连体衣领口套过宝宝的头。接下来，像上面描述的穿毛衣的例子那样，拢起连体衣的袖子给宝宝穿上。最后，轻轻地从尿布台上托起宝宝的臀部，把连体衣向下拉过他的胸部和臀部。

喂　食

无论你的宝宝是母乳喂养、用奶瓶，还是在桌边吃饭，重要的是要有合理的期望并提供一个合适的环境，一个可预测并且尽可能安静的环境。这样，孩子在得到营养并关注自己身体信号的同时，就能专注于自己内在的饥饱节奏。他饿了就会吃，饱了就会停下来。为了让他成功地做到这一点，重要的是要将有可能转移其吃的体验的其他因素减至最少。这意味着，为给宝宝提供一个专注的进食时间，你可能不得不在一两年里放弃“与家人一起吃饭”。如果你读到过一家人一起吃饭有多么重要，这个建议也许看上去让人很困惑，但是，围坐着一张餐桌与全家人一起吃饭，是在你的宝宝再大一点的时候将会更成功的一件事。期待一个婴儿或者学步期的孩子坐在桌边，而你又试图文明而从容地用餐，是不合理的，而且大多数父母更喜欢在不必照料他们的婴儿或者学步期孩子的时候用餐。用不了太久，你的学步期的孩子就会长大，并且学会自己吃饭，到那时，与你的孩子一起坐在餐桌边吃饭并且愉快地聊天会是一件很开心的事情。同时，尽量不要着急，尽最大努力不要对你的宝宝或学步期的孩子抱有他们还做不到的、不合理的期望。要关闭手机和电视，关闭电脑，并在喂宝宝的时候享受全身心地陪伴宝宝的快乐。

为了帮助一个婴儿学会饿了就吃、饱了就停，我们需要密切观察，以便我们能与他们发出的信号合拍。然后，我们需要尊重宝宝向我们传递的东西。你也许能够识别出你的宝宝“饥饿的哭”，或者你也许会注意到他想吃东西时会咂嘴或“寻乳”[①]。要等他平静下来之后，再给他奶瓶或哺乳。你的宝宝什么时候是吃饱了呢？当他自己说吃饱了的时候，或者通过推开瓶子或乳房、噘起嘴巴，扭头避开食物来表明自己吃饱了的时候。永远不应该哄骗、引诱或逼迫婴儿吃东西。他们应该想吃多少就吃多少，而且一口都不能多！如果你担心你的宝宝吃得不多，但他却明确地说“我饱了”，要尊重他告诉你的话。如果你担心他没有摄取足

① 寻乳反射（rooting reflex），是婴儿出生后为获得食物而表现出的求生需求。当有物体碰触到婴儿的嘴角时，他会立刻试图寻找到物体来源并做出吮吸的动作。——译者注

够的营养，可以连续记一个星期的日记，记下你的宝宝吃了多少（或者他吃奶吃了多长时间和多么用力）以及每天什么时候吃。你可能会对宝宝吃了多少东西感到惊讶。要记住，婴儿的胃是很小的，刚出生时只有一个玻璃弹珠那么大，出生后的第 10 天是一个乒乓球那么大。有时候，婴儿这一天会吃得很多，而第二天吃得很少。在一个生长突增期[①]马上到来的时候，他们可能会比平时吃得多，而当他们感到不舒服的时候就会吃得很少。正如我们大多数人每天的食量都不一样，宝宝也是如此。而且，正如我们绝对不会告诉一个成年人应该吃多少，要练习给你的宝宝同样的尊重。当你这么做时，你就是在支持他自律，而用餐时间就会让你们两个都很愉快。

你的儿科医生很可能会帮助你确定什么时候开始给你的宝宝喂固体食物，大多数是在他 6 个月左右的时候。你的宝宝将不仅要习惯于新口味和味道，还要学会如何用勺子吃饭。不要同时引入新口味并用勺子吃饭，要从用勺子给宝宝喂母乳或配方奶开始。要每天喂几次，直到你的宝宝对用勺子喝母乳或配方奶感到熟悉而且舒服。你可以通过在这种“勺子体验”之后给宝宝哺乳或奶瓶来确保他吃饱。很快，他就会对勺子变得熟悉起来，而你就可以用勺子喂他吃第一种食物了。当给宝宝提供新食物时，同样的食物要连续给他吃三四天，看看宝宝有什么反应。这样，如果宝宝出现诸如皮疹、呕吐或腹泻等过敏反应，你立刻就能知道原因。

你应该在哪里喂你的宝宝呢？每次都要在同一个安静的地方

---

① 生长突增期（growth spurt），是一个阶段，通常持续一两天，此时宝宝的身体发育需要进食更多的食物，还可能打乱宝宝的就寝程序、夜间程序，或者白天你放下他让他小睡时的常规程序。北京联合出版公司出版的《实用程序育儿法》一书第 3 章详细论述了生长突增期，并提供了一些应对措施。——译者注

喂他。高脚椅怎么样？从你的宝宝的角度，想象一下在用一个陌生的器具吃完全陌生的食物时，舒适地坐在父母温暖而熟悉的腿上与被悬在一把远离地面的高脚椅上或被束缚在一把弹性婴儿椅里的情况。很多被放在高脚椅里的婴儿在没有支撑的情况下还无法自己坐起来。由于他们还不能自己坐直，可能会在高脚椅上越滑越低。这对婴儿来说当然是不舒服的，也不是舒适地呼吸和进餐的理想姿势。高脚椅还使得学步期的宝宝吃饱后无法离开餐桌。相反，他不得不依赖大人将他从上面放下来。

玛格达教给我们，在婴儿能够自己坐起来并支撑住自己的躯干之前，所有的喂食都应该在父母的腿上进行。由你抱着宝宝第一次尝试新食物并学习用勺子进食，会给他提供身体上的安全感和情感支持。一旦你的宝宝能够自己坐起来，他就可以在一张放在地板上的折叠餐桌上吃饭了。当一个学步期的孩子能稳稳地走路时，他就能坐在一个婴儿凳上在一张幼儿饭桌上吃饭了。凳子要比椅子好，因为孩子能从凳子的任何一侧爬上去，而且爬起来也比椅子容易。重要的是，凳子要足够矮，以便孩子的双脚能平放在地板上。在这个高度，他能够稳稳地坐着，并且专心吃饭。要避免把你的孩子放在凳子上，相反，要让他自己找到坐上去的方法。你的孩子可能要花几天或几个星期时间才能弄明白如何坐在凳子上，但是，过一段时间，他就能够轻松而自信地做到了。从坐在父母的腿上进食到折叠餐桌再到幼儿饭桌的进展，不仅显示了你的孩子的粗大运动能力的发展程度，还显示了其心理发展程度。有些宝宝在自己能够坐起来之后很长一段时间还愿意坐在父母的腿上吃饭；另一些宝宝尽管能够坐在凳子上吃饭，但却更喜欢坐在放在地上的折叠餐桌上。

重要的是，在你的宝宝准备好之前，不要逼迫他，相反，要允许他随着时间的推移慢慢地做好准备。RIE 导师卡萝尔·平托（Carol Pinto）写到过一个名叫莫莉的有特殊需求的孩子，并描述了照料莫莉的人是如何体贴地与她发出的信号合拍的。莫莉的父母雇佣了一个早期干预专家，帮助她发展运动技能。大多数时候，莫莉都是用奶瓶喝水，但有时候，她喜欢用杯子喝。一天，莫莉“用杯子喝水的兴趣突然停止了。那位照料者尊重她的愿望，没有试图诱使她用杯子。当那位早期干预专家又一次来到照料中心时，她说她和莫莉一直在‘致力于’使用杯子。莫莉的照料者相信，莫莉之所以拒绝继续使用杯子，正是源于这个要实现一个行为目标的压力，无论这种压力是多么轻微以及意图有多么好。或许，莫莉对外界强加的目标的抗拒甚至可以被视为是自尊的一种迹象。”

哺乳或奶瓶喂养

要找一个对你和你的宝宝来说都很舒服的地方，以便你们两个都能放松下来，并享受这段共度的时光。对一个小婴儿来说，要尽可能在同一个地方——同一把椅子，同一个房间——给他喂奶。要记住，喂奶是你全身心陪伴你的宝宝的一段时间，所以，要关掉电视、音乐和手机，以便你们两个能专注地喂奶和吃奶。

有时候，当丽贝卡给宝宝喂奶时，我会取笑她。她只是坐在那里，并说：“你能帮我拿水吗?”我打算给她做一个工具腰带，以便她能把需要的所有东西都放上去！我把这件事与我在厨房做饭做了比较，我总能够提前想象出我需要的东西——烹饪的原料和厨具——所以，我会把所有东西都准备好，之后才开始做饭。当丽贝卡有了宝宝并开始给她喂奶时，她总是需要一张纸

巾，要么就是她的水放在了别的房间里。有时候，她会用手机给我打电话，因为她不想大声喊叫。

——阿方索·奥尔特加（Alfonso Ortega）

- **提前准备**。在你和你的宝宝坐下来给他哺乳或用奶瓶喂奶之前，要准备一个围嘴，一瓶温奶——如果使用吸出来的母乳或配方奶的话——而且，手边要有一块打嗝布。对于需要补充水分的哺乳的母亲来说，最好在手边放一杯水。

- **慢下来**。如果你的宝宝正因为饥饿而大哭，当你给他准备奶瓶或者在你的椅子上坐下来给他喂奶时，要尽最大努力做到动作慢一点。慢下来会传递出一种平静感，并能够帮助你的宝宝平静下来，即便在他很饿的时候。当你准备好并把你的宝宝抱在怀里时，要观察他是否准备好了。他正张着嘴吗？正在寻找乳房吗？如果他正不耐烦地发出咕哝声，要暂停一会儿，让他平静下来。要给你的宝宝乳房或奶瓶，而不要把乳头或奶嘴放到他的嘴里。要让你的宝宝选择什么时候含住并吸吮。

- **描述**。当真正有事情要说的时候，要说说你们正一起做的事情，但要避免不必要的唠叨。“你准备好吃奶了。吃吧。”“嗯，你很饿了。”当你的宝宝让你看到他吃饱了时，你可以说：“你把奶头从嘴里吐出来了。你一定是吃饱了。”

- **留出等候的时间**。你的宝宝也许饿了，但是，他准备好让乳房或奶瓶放到他的嘴巴里了吗？要等待他准备好的信号。

当该拍奶嗝时，要抬高支撑着宝宝的头部的那只胳膊，以便让他处于一个略微竖直一些的姿势……然后就等着。这就是你需要做的全部。将宝宝竖起来靠在你的肩膀上并轻拍他的后背，对打出奶嗝几乎没有帮助，而且真的相当暴力。

■ **确立可预测性和惯例**。每次都在同一个地方给你的宝宝喂奶，并且没有陌生而且不熟悉的东西分散他的注意力，会让他专注地吃奶并享受与你在一起的时光。他从这种共处中得到营养并给情感“加油”。

夜间喂奶

因为新生儿的消化系统很小，所以你需要在半夜给他们喂奶，但是，当夜间吃奶已经成为一种习惯而不是一种生理需要时，你怎么才能让宝宝逐渐停止呢？有些父母说：“我 10 个月大的宝宝仍然会在凌晨 2:00 醒来吃一次奶。我怎样才能让他放弃这次吃奶，以便我夜里能睡个好觉呢？”

当你刚听到你的宝宝啼哭时，不要马上翻身下床，冲向他的婴儿床或他的房间，打开灯，并把他抱起来。这肯定会吵醒他。要等一会儿，然后再等一会儿。要听听他的哭声。如果他不是一个需要经常喂奶的新生儿或小婴儿，要看看你是否能理解他的哭声在告诉你什么。也许他并不真的需要你，而是会平静下来并重新入梦。如果你给宝宝哺乳或给他奶瓶，而他会用力地吮吸，很明显你的宝宝是饿了并且需要吃奶。在这种情况下，你在宝宝的房间里要尽量做到很淡然，而且只是给他喂奶，以便你不会刺激到他。如果有可能，就不要调亮房间的灯。或许，也不需要说话，而且，除非他拉了大便或尿布湿了，就没必要换尿布。在半夜里，你自然想快点处理完以便回到你舒适的床上去，但是，要尽量让自己慢下来，以便你能倾听并观察你的宝宝真正需要什么。

断 奶

在某个时刻，你的宝宝可能会表现出对吃奶不那么感兴趣。有些喜欢哺乳所带来的亲密感的母亲，可能会错过她们的宝宝兴趣减弱的信号，或者可能会无意识地忽略这些信号，以延长这种特殊的亲密感。她们的宝宝可能先于她们做好断奶的准备。但是，随着养育旅程中一个篇章的结束，另一个篇章会开启。当你的宝宝让你知道他已经为接下来的事情做好准备时，跟随他的引领会有更多的快乐。学会观察，并为支持我们的孩子准备就绪的那些事情而放弃我们自己的日程表，是一堂重要而宝贵的养育课。还有些时候，是一位母亲在她的宝宝准备好之前就想给他断奶。这可能出现在一位母亲感到哺乳是一种负担的时候——因为她累了，“想做回她自己”，或者因为她不得不返回到工作中，并且感到在工作环境中用吸乳器是一个挑战。她还可能感受到了来自朋友或者亲属的压力——他们微妙或坦率地声称该给她的宝宝断奶了。因为断奶涉及到在你开始减少喂奶次数时设立限制，所以，重要的是要把你的意图明确地传递给你的孩子。如果你感到内疚、怀疑或本来就感到很矛盾，你的孩子就会意识到这一点，断奶的过程将很可能会更有挑战性。

无论是哪种情况，断奶都可能会用几个星期或几个月的时间，而且可能会相对顺利，也可能会有些困难。不要突然停止哺乳，而要逐渐减少——每次减少一次哺乳，从你的宝宝似乎最不感兴趣的那次开始。早上和晚上的哺乳通常是最受孩子珍视的，而且睡觉前的那次哺乳可能是孩子最难放弃的。因此，不要让睡觉前的那次哺乳成为最后戒掉的。许多母亲都是从戒掉小睡后的那次哺乳开始，然后戒掉早晨的哺乳，最后戒掉睡觉前的哺乳。如果你的孩子在你已经戒掉的一个哺乳时间要求吃奶，你可以告诉他："我们现在不吃奶了。如果你口渴，你可以喝点水。"如果你的孩子抗议或变得很伤心，你要坚持并给他一个替代选择："现在不是吃奶时间，但我很高兴和你坐下来并搂着你。"要逐渐断奶，带着爱和同情。

膝上喂食

你可能想穿一件旧衬衫或在你的衣服外面套一件罩衣或某件你不介意弄脏的东西。在你和宝宝坐着的位置附近的一张桌子上，要放一个围嘴、一条湿毛巾、一个装着食物的透明小玻璃杯、一个放着额外的食物的公用碗、一把公用勺以及两把喂宝宝用的勺子、一个矮玻璃水杯（以便你的宝宝能用手捧住它），以及一个装着一两杯水的水壶。要想一想你喂宝宝吃饭要用到的各种东西，并选择那些在你的宝宝掌握自己吃饭的技能的过程中最好用的物品。我建议父母们用一个透明的小玻璃杯给宝宝喝水。这能让你的宝宝看到杯子里装的是什么，并有助于他养成正确地握住杯子而不让水洒出来的好习惯。用来装烈酒的小酒杯可能是个很好的开始，因为它们很容易握住。在 RIE，我们使用钢化玻璃杯，因为它们很耐用。

■ 轻轻地把宝宝抱到你的腿上，让他侧身坐着，用你的胳膊环住他的后背，而且，要用你的肩膀和上臂托住他的脖子和头部。他的腿和胳膊都要在他身前，能自由活动。你已经用湿毛巾给他擦过手并且给他带上了围嘴。如果你是用左臂抱着他，要用左手握着盛食物的杯子。用另一只手用勺子盛一些食物。将勺子伸到宝宝面前，比他的眼睛的位置稍微高一点，让他看看食物。

“我给你盛了一些麦片。”在把勺子送到他的嘴边之前，要等待他给你一个准备好了的信号，来让他控制自己的进食。他可能会张开嘴巴或者发出兴奋地期待的声音。（对于一个刚刚开始使用勺子的婴儿来说，用勺子碰触他的下嘴唇会让他张开嘴。）要轻轻地将勺子伸进他的嘴里，略微向上倾斜勺柄，以便在勺子从他的嘴里拿出时，他的上嘴唇能够把食物从勺子上“清扫”下来，而且要小心，不要让勺子碰到他的上腭。

■ 喂宝宝吃饭是一个交互的过程，所以，在给他喂另一勺之前，要等到你的宝宝示意他想再吃一些。他可能会张开嘴或者发出声音，以表明他想再吃一些。要避免把食物往宝宝的嘴里塞。

■ 如果你的宝宝想拿着勺子自己吃，要让他这样做。要通过让他握住勺子来支持他的探索和自主的愿望。然后，你可以用第二把勺子盛食物，并且形成一条“流水线”——你用勺子盛食物并把勺子给他，让他自己送到嘴里。要记住，没有哪个孩子能够不至少造成一点儿脏乱就能掌握自己吃饭的技能。在头几次尝试时，想要送到嘴里的勺子可能最终会送到他的耳朵旁边。如果你是爱干净和整洁的人，这对你来说可能是个挑战。要努力欣赏你的宝宝的好奇心和愿望，并且要练习放弃你对整洁的需要。

■ 你的宝宝可能会在你将勺子伸向他嘴里的过程中抓住它。他可能喜欢用拳头攥着酸奶从指缝间挤出来然后把酸奶从手指头上舔掉的感觉。用手触摸酸奶可能会提供一种勺子无法提供的感官体验，或者他可能只是对勺子还感到不舒服。只要他主动吃东西，并且只要你能忍受一些脏乱，给你的宝宝以这种方式探索食物的自由就没关系。

■ 如果你手里拿着的杯子里的食物用完了，而你的宝宝还饿，要从你放在手边的公用碗里把杯子重新装满。

■ 要观察你的宝宝已经吃饱了的线索：他可能会噘起嘴唇，扭头避开食物，或者把勺子推开。如果你的宝宝开始玩食物或者勺子，或者变得不安宁，这可能是他已经不饿了的线索，吃饭时间该结束了。要描述你看到的：“你把勺子扔到地板上了。”“你把你的嘴唇闭紧了。”“你在扭来扭去。看起来你已经吃饱了。”

■ 如果你的宝宝看起来渴了，而且你想给他一些水，要用一个透明杯子给他喝。要从水壶往喝水的玻璃杯里倒一点水——大约 13 毫米高。你要握住玻璃杯的底部，以便让你的宝宝能够抓住杯身，如果他想的话。要用杯子触碰你的宝宝的下嘴唇，并等着他张开嘴。杯子要略微倾斜，以便他只能喝到一点水。

■ 当你的宝宝让你知道他吃饱喝足了的时候，就到了给他洗脸、洗手并摘下围嘴的时候了。在这个时候，他可能会扭来扭去，并且准备休息或重新去玩耍。你要尽量不要匆忙。要请求他合作。你要拿起湿毛巾，并且可以说：“我要给你洗手，我可以洗这只手吗？再洗另一只手怎么样？我要给你擦嘴巴。让我们摘掉你的围嘴。”

使用折叠餐桌给宝宝喂食

一旦你的宝宝能够自己坐着，你就可以用一张床上用的折叠餐桌放在地上来喂他吃饭了。有时候，实现这一转变的最容易的方式，是从让你的宝宝坐在你的腿上，你们一起坐在餐桌前面开始。要让你的宝宝以这种方式吃几天或者更长一段时间，当他看上去很舒服的时候，他就能过渡到坐在地板上了，你要坐在他的旁边或者对面。有些父母确信他们的宝宝会从桌子旁边爬走，并且绝对不会吃饭。但是，如果你的宝宝饿了，而且如果你明确地表明了界限，他很快就能明白他需要待在桌子旁边吃饭，否则食物就会被收走。要记住 RIE 的一个原则：相信你的宝宝的能力！以下是如何在一张折叠餐桌上喂你的宝宝：

■ 如果你愿意，可以在地板上铺一个垫子，把折叠餐桌放在上面，以方便清理。

■ 除此之外，要有一个托盘，里面放一条湿毛巾、一个围嘴、一只装食物的公用碗和一把公用勺、一只喂宝宝用的碗、两把吃饭用的勺子（或者两把叉子，取决于吃的食物）、一只用来喝水的玻璃杯，以及一把装水或其他液体的水壶。如果你要给孩子提供手指食物，要将这种食物放在一只公用碗里，能够每次从里面取一点，并且要把它们直接放在桌子上，让孩子去捡。

■ 一旦你邀请你的宝宝来到折叠餐桌旁，并且当你第一次这样做的时候，要描述你的期望：“在你吃饭的时候，我们会一起坐在这里。”如果你的宝宝挨着你坐，而不是坐在你的腿上，你可以摸摸垫子，向他表明你想让他坐在哪里。“你可以坐在垫子的这个地方。”

■ 要从用湿毛巾给你的宝宝擦手并给他戴上围嘴开始。

■ 如果你用勺子喂宝宝，要把盛食物的碗放在桌子上，并从碗里盛取。像你的宝宝在你的腿上吃饭时一样，如果他想自己使用餐具吃饭，要让他这样做。在他掌握使用餐具之前，当他真的饿了的时候，他可能会选择用手抓着吃。当他准备好并经过练习之后，他就能学会自信而轻松地使用勺子或叉子。在他准备好之前，强迫他用勺子可能只会让他沮丧和心烦。

■ 如果你给孩子的是一口就能吃下的手指食物，一开始要只在托盘上放几个，让他用手指捡起来吃。如果他想要更多，他会让你知道，然后你就可以多放几个。如果我们在桌子或盘子里放太多食物，我们就会传递一个我们想要孩子吃多少的下意识的信息。如果我们只是提供一点点，那么你的宝宝就能倾听他自己，知道自己什么时候吃饱了。这还是一个培养父母和孩子之间的信任的机会。宝宝要求更多食物，体贴的父母就会提供。

■ 当你的宝宝表明他吃饱了时，就到了给他洗手、洗脸并摘掉围嘴的时间了。然后，他可以自己离开餐桌。如果他开始玩食物或者在桌子边来回走动，你可以告诉他看上去他好像已经对吃饭不感兴趣了，所以你要把食物收走。

当你第一次让你的宝宝使用折叠餐桌时，他可能会试图爬到桌子上去探索——你可能有必要设立一些明确的限制，尤其是在一开始的时候。当你的宝宝习惯了这种新的吃饭方式时，他在头几天可能还会在桌子边爬来爬去。你可以说：“我希望你在吃饭的时候能坐在这里。”但是，到了第二天或第三天，如果他再次爬走，你可以说：“当你从桌子边爬走时，就是在告诉我你不饿。”如果他仍然爬走，你可以设立一个限制，要这样说：“你从桌子边爬走了。看上去你已经吃饱了，所以我要把食物收起来。”要慢慢地起身并把食物收走。把餐桌和垫子折起来并收好。这会给孩子一个视觉信号，即用餐时间结束了。你这样做并不是为了惩罚他，而是在设立明确的限制。你的宝宝可能会抗议，但是，他很可能很快就了解到，当他从桌子边爬走时，食物就不在了。他会开始理解这个限制，而且，如果他饿了，就会和你一起待在桌子旁边，直到吃饱。一旦他学会走路，并且逐渐过渡到能坐着凳子和小餐桌吃饭，这个“吃饭时要坐着”的限制要继续保持。你的宝宝就不会成为一个一只手拿着食物一只手拿着杯子满屋子乱跑的学步期孩子。无论你是否相信，和一个婴儿或者学步期孩子一起愉快而有尊严地吃一顿饭是可能的，但是，我们必须耐心地设立明确而一致的限制，并且愿意为了实现这个目标而将其坚持到底。

在父母-婴幼儿指导课上，一旦所有的婴儿都能自己坐起来，我们会给他们提供香蕉和水作为点心。我会提前向父母们说明惯例——如果一个孩子对吃点心感兴趣，他就必须洗手，戴上围嘴并坐在那里。很简单，对吗？尽管这些是“家规”，但我并不期待这些孩子能迅速或轻易地遵守它们。一个宝宝可能要花好几个星期——如果不是好几个月的话——才能将这些限制内化于心，并且不再需要我温柔地向他提醒这些家规。有些婴儿或者学步期的孩子选择从来不参加吃点心的活动，这也完全可以接受。父母们常常不相信他们的宝宝愿意遵守这些规矩，但是，让他们高兴并惊奇的是，他们很快就发现他们的宝宝愿意而且有能力遵守。我猜这些宝宝知道我的这些限制是不能讨价还价的。如果他们饿了，他们就要学会按照我定下的规矩用餐。

和我的9个月大的儿子一起运用RIE原则——为他吃饭留出时间，和他一起坐在一张放在地板上的矮桌旁，用一个小平底玻璃杯或小杯子而不是一个塑料鸭嘴杯——意味着我不得不慢下来，陪着他，并且保持专注。我的小男孩吃饭时更专注，因为我一直在那儿陪着

他，而不是在厨房里跑来跑去做其他事情。用餐时间成了一段更缓慢、平静而且更神圣的时光，给了我集中注意力并且与面前的这个小人儿建立连接的机会。一开始，当我坚持让我的儿子坐下来吃饭和喝水的时候，他会啼哭。但是，到第三次的时候，他明白了，而且似乎为自己有能力以这种方式吃饭而感到自豪。尽管高脚椅（有时候我确实给他用）能提供外在的安全和保障，但坐在矮桌旁给了他在确定自己吃完的时候站起来的自由。

我对我那个现在已经是学步期孩子的大孩子运用了同样的方法，而且效果非常明显：她在吃饭时会坐下来并且参与，她对能为她的弟弟做出榜样并教给他如何坐下来以及如何吃饭感到骄傲。当她能通过给她的弟弟提供食物或者帮他戴围嘴来提供帮助的时候，她变得很兴奋。

——亚历山德拉·布莱克（Alexandra Blaker）

在小餐桌和凳子上用餐

一旦一个学步期的孩子能自信地走动时，就该让他在凳子和儿童餐桌上用餐了。在 RIE，我们使用一种很稳固的小圆凳，它比椅子使用起来更容易，因为孩子能从任何一个方向坐上去，而且孩子能够双脚着地，很安全地坐上去。椅子会更复杂——学步期的孩子可能还没有为之做好准备。如果一个孩子抓住椅子背并且使劲拉，椅子还不安全。凳子能够让一个学步期的孩子在吃完饭后自己站起来，而不是等着别人来把他从高脚椅上放下来。

■ 如果你愿意，为便于清理可以在地板上铺一个垫子，把桌子放在上面。如果你的学步期的孩子感兴趣，他可以帮助你做准备工作——把他的小凳子拉出来，并从一个矮橱柜里把他的围嘴和餐具拿出来。如果你自己做准备，要在桌子旁边放一个托盘或篮子，里面放一块湿毛巾、围嘴、一个盛着食物的公用碗和一把公用勺、一个给宝宝用的碗或者盘子、两把给宝宝用的勺子，一个玻璃水杯，以及一把装有水或者其他饮品的水壶。

■ 吃饭前，要洗手并把手擦干。年龄小一点的学步期孩子可能需要你的帮助，而大一点的学步期孩子也许能够自己成功地完成。洗手可以在水槽里，或者在桌子上用湿毛巾擦手。戴上围嘴，就该吃饭了。

■ 描述。在点心时间，我们可以对一个学步期的孩子说："我知道你饿了。你愿意把你的小凳子搬到桌子那儿，还是我来搬？[孩子会把凳子搬过去或者推着滑过去，并坐在上面。] 让我们来洗洗你的手。[孩子会伸出双手让你洗。] 你想戴哪个围嘴？蓝色的还是绿色的？[他会指向一个围嘴。] 你准备好戴围嘴了吗？[孩子向前伸头戴围嘴。] [系好围嘴。] 好了。[把装着食物的两只碗给孩子看。] 你想要苹果还是奶酪？[孩子指向苹果。] [给他一块苹果。]"

■ 慢下来会造成一种平静感，并能帮助孩子感受自己的饥饿感和饱腹感。在父母-婴幼儿指导课上，当一个学步期的孩子在他的凳子上弹起坐下，大声要更多食物时，我会慢下来——不是为了折磨孩子，而是为了示范耐心与平和。孩子总能平静下来，并学会更加耐心地等待自己的食物。

■ 如果你要提供一口就能吃下的手指食物，要先在桌上或盘子上只放几个，让孩子用手指去捡起来。当他想要更多时，他会让你知道，然后，你就能再给他放几个让他用手指捡起来。要记住，不要一次放太多，并且要等到孩子要更多时再给他。如果你给孩子的是谷类食物、面食或用碗装的食物，要把碗放在桌子上，并从中取食物。当学步期孩子表现出想自己吃时，要让他这样做。

■ 如果他想喝什么，你可以用一个透明的小玻璃杯给你的学步期孩子提供饮品。在 RIE，我们会给学步期的孩子提供自己倒水的机会。我们会从一把公用水壶里往一个透明的小玻璃水壶中倒入 13 毫米深的水，并把这个小玻璃水壶放在孩子面前的桌子上，以便他能自己倒水。一开始，他可能会尝试用小玻璃水壶喝水，但是，他很快就会知道这个小水壶是用来倒水的。他们自己倒水有时候会比大人倒洒出更多的水吗？绝对会。但是，孩子从这种简单的任务和自己独立性的萌芽中获得了很大的快乐。这还为精细运动活动提供了机会。

当人们参观我们 RIE 中心时，他们常常会惊异地看到那些还不到学步期的宝宝自己在倒牛奶，并且想知道我们是如何教会孩子们这样做的。我们不需要“教”孩子们如何倒牛奶。我们创造了一个能培养宝宝的能力和自助技能的环境，而他们就学会了自己做。

——宝莉·埃兰（Polly Elam），RIE 导师

■ 当你的孩子向你表明他吃完了时，就到了给他洗手和洗脸的时间了。他可能想在你的帮助下自己洗，你只要帮他洗干净他没洗到的地方就行。然后，就该摘下他的围嘴了。

■ 在给你的学步期孩子洗干净之后，他可能想帮忙把盘子拿到厨房去，或者用海绵擦桌子。要让他尽自己的最大能力去做事情，并且要尽量避免纠正或指导他。

当你邀请你的宝宝参与他的照料时，你就是在让他知道你重视他的参与。随着他学会承担越来越多的照料自己的任务，他会从自己逐渐增长的能力中获得乐趣，而这会支持他正在出现的自信和自立。照料构成了你的宝宝的“课程”的很大一部分，所以，你要花些时间享受与宝宝在一起的这些特别的时刻。

第 4 章

睡　眠

你的目标是帮助你的宝宝养成良好的睡眠习惯……一般来说，养成良好睡眠习惯最容易的方式就是让婴儿有一种可预测的日常生活。

——玛格达·格伯《亲爱的父母》

我们所有人都需要睡觉，但是，睡觉对婴儿来说尤为重要，他们的身体、认知和情感的发展，需要每天很多个小时不间断的睡眠。相比于那些得不到充足睡眠的婴儿，睡眠充足的婴儿更容易了解和处理信息。一个疲惫的婴儿会急躁易怒而且无法集中注意力。根据年龄不同，他可能会无精打采或者过度活跃。对于父母来说，重要的是要尽其所能地保护他们的宝宝的睡眠，这不仅是为了宝宝的健康和幸福，也是为了整个家庭的幸福。

当我在 RIE 给准父母们上孕期课并且谈到睡眠时，我会先问他们每天晚上是如何睡觉的。你们晚上怎么睡觉？你们是平躺着睡，趴着睡，还是侧躺着睡？一个枕头就能睡得舒服，还是喜欢好几个枕头——是枕着它们，用膝盖夹着，还是贴着肚子？如果你们半夜醒来，如何再次入睡？很快就清楚了，没有哪个人与别人的睡觉方式是相同的，或者睡觉用的时间是一样的。而且，没有哪个人能强迫其他人睡觉。

婴儿也是如此。虽然你不能教你的宝宝睡觉，但是，你能够创造一种有利于休息的平和而安静的氛围，让你的宝宝能养成良好的睡眠习惯。你能够用能帮助你的宝宝意识到自己什么时候累了、学会自我安慰并自己睡觉、期待休息的方式来对他做出回应。你能够传达出一种关于睡觉的态度：休息是愉快的，而且他的床是一个温馨而舒适的地方。当然，睡觉有时候也有可能成为一个更大的挑战——当你的宝宝生病、过于疲惫或受到过度刺激的时候。但是，在这些更困难的时候，你对睡眠的态度和你建立的惯例将对你们大有帮助。

婴儿是如何睡觉的

就何时睡觉以及睡多长时间来说，每个婴儿都是不一样的。要是婴儿出生时都带着一张保证书，承诺他们每天晚上睡 12 个小时，而且白天都保持清醒该多好啊！然而，新生儿在白天或者晚上的任何时间都能入睡，醒来吃奶，然后再次入睡，丝毫不关心外界的日常生活。每个孩子的睡眠模式以及睡多长时间都是不一样的，而且会随着婴儿年龄的增长而改变。

一个新生儿的睡眠模式是无法预测的，尤其是在出生后的第 1 个月至第 6 个星期。在最初的这几个星期里，婴儿大多数时间都在睡觉，在一天的 24 个小时里，睡觉和醒来的时段会交替 6 ~ 10 次。他们每 2 ~ 4 小时会醒来吃一次奶，无论是白天还是晚上。他们的时间表可能是完全颠倒的，白天睡觉的时间比晚上还要多。这是因为他们的昼夜节律——或者 24 小时睡眠-清醒的周期——尚未形成。为了帮助你的宝宝建立睡眠节律，要在白天让他接触自然光线和声音，而且当天色逐渐暗下来时，要尽你的最大努力为他创造一个更暗并且更安静的氛围。他将开始从他的环境中理解睡觉和醒来的信号，并与他的身体内的疲倦信号合拍。保护你的宝宝的睡眠时间会增强他的昼夜节律，支持健康的睡眠习惯，并确保他在需要的时候能获得高质量的恢复精力的睡眠。

不出几个月，你就能期待你的宝宝的睡眠模式变得很有规律了。他有可能每天晚上在同一时间睡觉，而且每天早上在同一时间醒来。他可能需要你在夜里喂一两次奶，但通常会立即重新入睡。最终，夜间喂奶可能就不再有必要了。你怎么能知道呢？要观察你的宝宝。当他在夜里啼哭并寻求你的关注时，他看上去是饿了，还是在寻求或要求安抚和帮助以便重新入睡？如果与吃奶相比，他更感兴趣的是和你玩，这种夜里的相见就与饥饿无关。

你可以帮助你的宝宝改变这种习惯，并鼓励他在夜间自己重新入睡。在睡觉之前，要和你的宝宝说说夜里有什么不同。要让他知道，如果他在夜里醒来，你希望他重新入睡。如果他醒来并啼哭，不要匆忙冲到他身边。相反，要等着，并且要等得稍微长一点，看看他能否自己平静下来并重新入睡。如果有人需要进去，在这个调整期，最好让父亲或那个不是一直在夜里喂奶的父母进去，因为宝宝还不会开始期待这位父母在夜里喂奶。无论是父亲、母亲还是另一个照料他的人，都要尽可能做到很淡然并且尽量少为他做事，先做介入最少的事情。不要立即把你的宝宝抱起来并为了让他平静下来而把他抱出婴儿床，要看看轻轻地在他的后背上拍几下是否就足以让他平静下来。有时候，只是有你在身边提供情感支持就足够了。你做的越少，他就越能依靠自己找到一种平静下来并重新入睡的办法。

如何看出你的宝宝是不是累了

在出生后的头几个月里，婴儿一般需要睡多少觉就睡多少。随着他们变得更警醒并且更社会化，他们往往开始抗拒睡觉。这个时候，无论结果好坏，父母都能够影响他们的宝宝刚开始出现的睡眠模式。目标是要让婴儿变得与他们的自然的睡眠-清醒节律合拍，并且让大人在婴儿疲倦的时候为其提供休息的机会和场所。

我们要重视睡眠，知道其重要性，而且要力所能及地来保护婴儿的睡眠时间。这听起来很简单，但是，你如何看出宝宝什么时候累了呢？要从观察开始，看看你是否能注意到疲倦的“软迹象”：

- 他揉眼睛或闭上眼睛。
- 他的动作慢了下来，或者动作不那么有力了。
- 他变得安静并且平静了。
- 他不再玩东西了。
- 他看上去不那么专注了，或者发呆发愣。
- 他吮吸拇指、其他几个指头或手。
- 学步期的孩子变得有攻击性，打人或咬人。

一旦你能熟练地识别出这些疲倦的软迹象，就要看看你是否能注意到在这些迹象出现之前发生了什么事情。有时候，等到你的宝宝揉眼睛时，他实际上已经过于疲倦，而且即将变得焦躁不安。到那时，对他来说可能就很难平静下来轻松入睡了。在他揉眼睛之前，他可能会找你或想被抱起来。学步期的孩子可能格外难以读懂。一个看上去精力充沛的学步期孩子，可能实际上是“极度兴奋”并且过于疲倦。他可能会大喊大叫，或者难以控制地咯咯大笑。他可能以推人或打人做出攻击行为。学会观察并注意睡觉信号是需要时间和练习的。

随着你的宝宝不断成长并变得醒着的时候越来越多，以及对其周围的环境有更多的意识，他可能会变得对睡觉更抗拒——而且，一旦他“恢复精力”，睡觉对你们两个人来说都可能变成一种严峻的考验。一个过度疲倦的宝宝会睡不安稳，更频繁地在夜里醒来，而且第二天通常会焦躁不安而且不开心。正如他的父母一样。

在哪里睡以及什么时候睡

每次都要将你的宝宝放在同一个地方睡觉，无论是在一个摇篮、一张婴儿床还是一张床上。玛格达相信，婴儿会从睡在自己的婴儿床上受益，但是，她总是问父母们最适合他们的是什么。她说，睡在一张婴儿床上“是了解相聚和分离的一种方式，而且分离与遗弃是不一样的。一个睡在自己床上的孩子仍然知道，如果他啼哭或者发生了什么事情，他的父母会来到他身边”。我的课上的很多父母都和他们的宝宝睡在一起。你的宝宝在哪里睡觉是一个个人的决定，一个家庭与家庭、文化与文化不同的决定。无论你的宝宝在哪里睡觉，都适用于同样的原则——只要那个地方对你的宝宝睡觉来说是安全的。如果你把你的宝宝的婴儿床或大床看作是一个舒适而温馨的休息场所，你的宝宝很可能也会开始有同样的感觉。

婴儿和学步期的孩子不应该被放在汽车座椅、摇椅、婴儿摇椅或其他新奇的装置里睡觉。这些装置肯定会让你的宝宝无法活动而且可能会哄骗他入睡，但是，它们并不是为了睡觉而设计的。事实上，它们会妨碍你的宝宝得到高质量的睡眠。你觉得当你在一把椅子上或在飞机上睡觉时与你在自己的床上平躺着睡觉所得到的休息一样吗？要把你的宝宝平躺着放在他的婴儿床上睡觉，以便让他有空间活动并在能翻身的时候翻身。自 1992 年以来，美国儿科学会一直建议应该让婴儿平躺着睡觉，以降低婴儿猝死综合征①的风险。

当睡觉的环境宽敞而且简单时，你的宝宝就会更容易倾听自己的身体和内在节律。对于成年人来说，一串风铃看上去可能很可爱、很漂亮，但却是让你的孩子分心的东西。当你试图打盹睡觉的时候，你希望有个东西悬挂在你的头顶上并发出叮叮当当的声音吗？要让你的宝宝倾听他自己的身体，而且，不要用哄睡装置来让他从休息上分心。要相信他能学会不用大人干预就自己入睡，而且要给他时间自己解决问题。不要在婴儿床上放填充动物玩具和其他玩具，以便让你的宝宝能够专心睡觉。大一点的婴儿或学步期的孩子可能会有一件被他用作过渡物品的宝贵的填充动物玩具或可爱的毯子。他可能会在小睡或晚上睡觉的时候以及其他时候用它来寻求安慰。

白天发生在你的宝宝身上的每件事情都会影响他的睡眠模

---

① 婴儿猝死综合征（Sudden Infant Death Syndrome，简称 SIDS），也称摇篮死亡，系外表似乎完全健康的婴儿突然意外死亡。1969 年在北美西雅图召开的第二次国际 SIDS 会议规定其定义为：婴儿突然意外死亡，死后虽然尸检，亦未能确定其死因者称为 SIDS。——译者注

式。养成良好的睡眠习惯的第一步，是让你的宝宝的白天能放轻松而且可预测。比起在汽车座椅上进进出出，在很多干扰、噪音以及其他让人分心的事情中度过一天，你的宝宝在平静有序地度过一天之后可能更容易入睡。我们许多人都过着忙碌的生活，而且我们无法保护我们的宝宝不受所有冲击。但是，我们能够努力让宝宝的生活尽可能的简单。

有些婴儿在出生后的几个月里就能形成相当稳定的睡眠时间表，而其他婴儿会在很长时间内继续在不同的时间睡觉。在这两种情况下，重要的是要留意你的宝宝疲倦的迹象，然后就要让他躺下睡觉。通过观察你的宝宝，你会注意到睡眠模式开始出现，并且会知道他每天可能会在同一时间感到疲倦。随着你的宝宝的成长和发育，他白天的睡眠时间会变化，但是，一旦建立起来，他的夜间睡眠时间将保持相当的一致。建立并遵循一个规律的睡前惯例会帮助你的宝宝养成良好的睡眠习惯。

睡前惯例

无论是小睡还是晚上睡觉，当到了该休息的时间，动作要慢、说话声音要小并且要营造出一种平静而安宁的气氛。一项研究表明，“在预测婴儿的睡眠质量方面，父母在睡前的情感陪伴可能与睡前惯例一样重要，如果不是更重要的话。”所以，你要让自己慢下来，而且要在小声地和宝宝说话的同时看着他的眼睛。如果他很累了，他可能不想跟你做眼神接触，而是更喜欢发呆。就让他这样吧。这是给予你的宝宝关注并且与他的信号和节律合拍的时间。通过这样做，你将在你的宝宝周围创造出一种安全感和温暖感，这会帮助他迎接即将到来的睡眠。在让孩子一个人休息之前与其做情感连接，对所有孩子来说都很重要，但是，对于工作的父母来说可能尤为重要。通过在你的孩子休息之前花时间全身心地陪伴他，你就能够在情感方面给他“加油”，以便他能让你离开，自己睡觉。当然，如果家里有兄弟姐妹，这可能是一个挑战。要尽全力帮助其他孩子理解他们的弟弟或妹妹在睡觉前需要安静。

小睡和晚上睡觉时的惯例很重要，而且，慢慢地做每件事能帮助你的宝宝学会如何平静地过渡到睡眠。惯例要由你来建立；简单而相对简短的惯例要好于漫长而拖拉的惯例。在晚上睡觉前洗澡，能够让你的宝宝放松——尽管对一些宝宝来说可能有提神的效果。洗完澡后，你可以给你的宝宝读一本薄薄的书，并对填充动物玩具说晚安。然后，就到了把他放到婴儿床里的时间了。在离开房间之前，你可以描述你将要做的事情。“我在拉下窗帘。我在打开你的夜灯。现在，我在把灯关掉。我要去厨房了。好好休息。早上见。”无论你的惯例是什么，如果你每次都遵循同样的步骤，你的宝宝就能学会预测接下来会发生的事情。

对于年龄大一点的婴儿或者学步期孩子，你可以谈谈他当天做了什么以及明天会发生什么。这提供了一种一天会自然地过渡到下一天的连续感，并能帮助缓解任何形式的夜间焦虑。当睡前仪式具有可预测的节奏时，你的宝宝就能够放松下来并学会平静而毫无困难地迎接睡眠。要让你的声音和身体姿势表达出睡觉是让人多么快乐的一件事。

如果父母双方都想参与睡前惯例，要注意这是否会过度刺激你的宝宝。三个人也许太多了。你的宝宝也许能忍受你们中的一个说晚安并离开房间，但是，两个人同时说晚安可能就太多了。在这种情况下，其中一位父母可以在给宝宝读书前说晚安。或许，一位父母可以在工作日来引领这个睡前惯例，而另一个父母在周末。如果你想知道怎样做最好，要观察你的宝宝。什么会让他狂躁，以及什么惯例最容易帮他安定下来？

要尽最大努力在你的宝宝还醒着的时候放他躺下睡觉。然后，当他后来在自己的婴儿床里醒来时，他就不会感到惊讶或迷惑，因为他会记起自己是怎么来到这里的。对你的新生儿宝宝来说，做到这一点可能会很困难，他可能会在你哺乳或用奶瓶吃奶时，在你的怀里睡着。随着他逐渐长大，在他还醒着的时候让他躺下来会容易得多。如果不是这样，第二天晚上要早一点开始睡前惯例，以便惯例的最后一步能在他变得过于疲倦之前完成。这很重要，因为你不希望你的宝宝将睡眠与吃奶联系起来，让他认识到他需要吃东西才能入睡。饥饿和睡眠是两个独立的需要。如果你曾经在深夜发现自己迷迷糊糊地站在冰箱前，并且意识到你不是饿了而是累了，你就知道我的意思了。我们在晚上都需要睡觉来“加油”，而不是食物。

当宝宝哭时……要等一会儿

从把一个婴儿放下来躺下睡觉到他睡着的这段时间，往往会让父母们焦虑。他们会提心吊胆地等着并听着，想知道他们的宝宝是否能自己入睡。他们担心他会啼哭。如果他真的哭了，他们会迅速回到宝宝的房间里把他抱起来并安慰他。尽管意图非常好，但他们可能会造成一种习惯和一种依赖性。2002 年的一项研究发现“那些在 3 个月大的时候父母能在他们醒来时等待时间长一点再对他们做出回应的婴儿，到 12 个月大的时候更有可能成为一个能自我安慰的婴儿”。这是什么意思呢？那些在对宝宝的啼哭做出反应之前能暂停一下并多等一会儿的父母，给了他们的宝宝培养自我安慰能力的机会。

所以，如果你把你的宝宝放在了他的婴儿床里，而他开始啼哭，在你冲进去之前，要暂停一下，吸一口气，等一会儿，然后再多等一会儿。要倾听你的宝宝。这种哭声听起来像什么？是有节奏的呜咽吗？是哭几声就停止了吗？这种哭与其他的哭不同吗？要记住，哭是你的宝宝的语言，是他表达他的感受和需要的方式。你无法立即学会一种新的语言，所以，要给你自己时间来倾听和学习你的宝宝的独特的“保留节目”。他的呜咽也许是为了自我安慰。或许，他在最终放松下来入睡之前，需要哭一会儿，以便释放白天的紧张。这时，要花点儿时间观察你自己。你感到焦虑吗？生气吗？你正屏住呼吸吗？要把你的感受大声说出来。要对你自己说：“他在哭。我感到很焦虑。我想进去把他抱起来。这肯定会让我感觉好一点。但是，我也想给他一些时间，看看他自己能做什么。尽管他在哭，我不想想当然地认为他需要我。也许他哭是为了让自己平静下来入睡。我不想干扰他，所以我要再等一分钟，看看会怎么样。”

这种对自己描述，能让你慢下来并缓解你的紧张。当然，如果你的宝宝哭得越来越厉害并且听起来很痛苦，你务必要去他的房间里安慰他。最好在他过度啼哭以至于需要很多帮助才能平静下来之前就去他身边。一旦你的宝宝的身体里充满皮质醇——压力状态下释放的荷尔蒙——他很可能需要你的帮助来减少他的压力并平静下来。不幸的是，没有完美的科学数据能告诉我们什么时候介入以及如何介入。但是，通过认真的倾听和观察，我们就能体贴地与我们的宝宝合拍，并对他们的需求做出准确的回应。

如果你确实回到宝宝的房间去安慰他，要先从最小的一步开始。要缓慢而安静地走进他的房间。要记住，你的宝宝会意识到你的情绪，所以，要小心，不要传递出一种“你真可怜”的心态。没有既定的剧本让你遵守，但是，有一个你或许可以按照去做的例子。要走到你的宝宝的婴儿床边，并慢慢地、轻轻地抚摸他的胸部，只抚摸一次。要轻轻地说：“我听到了，现在该睡觉了。”静静地在那里站一会儿。看看你的话语和抚摸是否已经帮助他平静了下来。要注意他的呼吸，然后，要注意你自己的呼吸。你感觉紧张吗？如果是，要深吸一口气。要试着放松。继续观察你的宝宝。如果他看上去需要更多的安慰，要慢慢地、轻轻地再一次抚摸他的胸部。这一次需要说话吗？也许你轻轻的抚摸就能提供足够的安慰，让他能闭上眼睛睡觉。或者，也许只是坐在房间里的一把椅子上陪伴他，就能提供他需要的安慰。没有一个正确的答案能适合所有的宝宝以及所有的情形，但是，经验法则告诉我们，要尽可能少做，尽可能安静并平和地去做。少即是多。

学步期的孩子在运用拖延战术方面很有创造性。在你说过晚安并离开房间之后，他们可能会突然口渴、饥饿或者有某件绝对不能等到早上的非常重要的事情要告诉你。他们可能会恳求你再多讲一个故事。培养良好的睡眠习惯包括设立一些限制，而且这些限制最好在睡觉前就设立好。在刷牙之前，你可以说：“如果你渴了，就喝点儿水。这是你明天早上之前最后一次喝水。”要给你的孩子一个温和的提醒，要告诉他，尽管你喜欢听他想告诉你的事情，但是，一旦你说过晚安，所有的交谈都必须等到第二天早上。不要指着一个装满书的书架并让你的孩子挑选图书，而要只抽出几本，并让他从中挑选一两本。要让你的孩子知道，你之所以设立这些限制，是因为你关心他并且睡眠对你们两个人都很重要。

通过建立一个一致的睡前惯例并坚持到底，父母在培养孩子健康的睡眠习惯方面起着巨大的作用。你的宝宝的大脑发育和身体成长，需要长时间的不间断的睡眠。当然，小婴儿每隔几个小时就会醒来吃奶，而患了感冒或其他疾病的孩子可能会因为太不舒服而无法好好睡觉，并可能需要比平时更多的关注。当孩子们将要到达身体和认知方面的里程碑时，他们更有可能在夜里醒来。在一些重大的转换期间，比如孩子换了一家新幼儿园或者外出旅行，他们可能需要额外的安慰。帮助婴儿开始建立一个一致的夜晚惯例，会帮助他建立持续一生的健康的睡眠习惯。

不需要花招

很多疲惫的父母们求助于各种花招——过度摇晃，抱着宝宝到处走，长时间待在开动的汽车里，甚至把宝宝放到嗡嗡作响的烘干机上——直到他们的宝宝睡着。这些干预措施之所以管用，是因为宝宝的活动受到了限制，所以，除了睡觉他还能做什么呢？但是，在一个新奇的装置或移动的车上睡觉不是高质量的睡眠，而且，这些干预措施阻碍了宝宝练习并完善自己入睡。它们甚至可能有催眠的作用。你的宝宝很快就会习惯于你对他做的任何事情。一种干预措施可能在当时提供一个快速的解决办法，但是，你不会希望他每次需要睡觉时都开着车带他到处转或过度摇晃他。前一个星期提供了一种快速的解决办法的做法，可能会在接下来的一个星期引起新的问题。你的宝宝也许已经学会了被摇晃着入睡，但是，当你把他放到婴儿床里时，他却醒来了。通过克制住自己，不要成为一个“哄宝宝睡觉”的人，你就能早一点给你的宝宝提供一个机会，学会找到自己入睡的方式。

当赛伊4～6个月大时，他在安静下来小睡上遇到了麻烦。我们试图通过唱一首歌（或五首）、站着摇晃他、在他的房间里来回走（有时候甚至走半小时）来帮助他。当我们把他放下来时，他会接着哭。我们每隔几分钟就去看他一次，但是，努力帮助他入睡对于我们所有人来说真是一种折磨！一天下午，我有了一种感觉——赛伊只是想让我们把他放在他的婴儿床里，而且让他一个人待着——所以，我就这么做了。他很容易并且很快就睡着了。啊哈！赛伊是在试图告诉我们，我们做的太多了。现在，我们有了一个简单的小睡惯例——不摇晃他——而他很快就能睡着。

——比安卡·西格尔（Bianca Siegl）

说到睡觉，要记住一个基本的育养原则：相信你的宝宝的能力。学会自我安慰以及自己入睡不会在一夜之间发生，所以，要给你的宝宝学习这项重要能力所需要的时间。要相信你的宝宝有足够的能力学会，而且要知道，尽管你在你的宝宝的身边关注并支持他，但是，最终要由他自己找到如何入睡的方法。宝宝什么都知道！

小　睡

晚上拥有良好的睡眠是不够的。白天的睡眠对你的宝宝的健康和快乐是至关重要的。在你的宝宝出生后的头几个月里，他小睡的时间和睡多久都可能变化很大。几个月后，他将过渡到每天小睡 2 ~ 3 次，第一次小睡的时间大约在他早上醒来一个半小时之后。最终，他会停止第三次小睡，再往后，你会注意到他上午小睡的时间会越来越晚，或者实际上更像是打个盹。这标志着他已经准备好将小睡合并成一天只睡一次——从中午或下午早些时候开始，睡 1.5 小时到长达 3 小时不等。从每天两次小睡向一次小睡的过渡可能需要几个星期的时间来完成，而且可能会令人困惑。某一天他可能只需要小睡一次，而第二天可能需要两次。今天他可能准备在正午小睡，而明天可能是在下午 1:00。观察你的宝宝疲倦的迹象，在这个变化的时期会对你大有帮助。

有些婴儿非常愿意小睡，以至于他们满怀期待地向他们的婴儿床使劲伸着手，而且根本不需要小睡前的惯例。或者，你的宝宝可能喜欢和你一起看一本书，而这能使向小睡的过渡更容易。在白天，家里可能很难安静下来；你可能要忙于照料其他的孩子、工作或家务。尽管这可能不是大声播放音乐或练习你的踢踏舞的时候，但是，如果电话铃响或有人敲门也没关系。我们不能指望这个世界在我们的宝宝小睡时安静下来，所以，不要过度担心白天的背景噪音。你的宝宝能够学会在这些噪声里睡觉。

夜　醒

如果你的宝宝在半夜醒来需要喂奶，要尽可能做到平淡对待并减少刺激。要让你的行为传达出你在那里是为了满足他吃的需求，但这不是玩耍的时间。要默默地给孩子奶瓶或哺乳。有必要说话吗？或许不需要。需要换尿布吗？不一定。如果你能借助夜灯的光来哺乳或用奶瓶喂奶，这要好过打开大灯把房间照亮。也就是说，要让环境暗示你的宝宝，尽管他可能饿了并需要营养，但现在不是开始这一天的时候。

学会识别焦虑或痛苦的啼哭与抗议的啼哭之间的区别，能帮助你搞清楚如何在半夜对你的宝宝做出回应。要记住，最终的目标是让你的宝宝学会自己睡觉并且在半夜醒来时自我安慰，所以，你做得越少越好。正像你的宝宝将要学习的所有事情一样，自我安慰需要练习，而且可能会包含着一些挣扎。如果你能接受挣扎是这个过程自然而然的一部分——实际上，也是人生的一部分——你就更有可能等待，然后再等一会儿，以便让你的宝宝找到自己入睡的方式。

最终，你的宝宝将不再需要在半夜吃奶。如果他一直没有依靠你或别的某些外在手段入睡的话，他整个晚上将能够自己在浅睡和深度睡眠之间更容易地转换。如果你在把宝宝放入婴儿床之前总要摇晃着他入睡，他在半夜一个人醒来可能就会受到惊吓。如果他经常用安抚奶嘴让自己安静下来，而在半夜醒来时找不到奶嘴，他就可能啼哭，直到你过来找到奶嘴并放回他的嘴里（而且，奶嘴在5分钟后可能会再次掉出来）。你的宝宝在晚上开始睡觉时依赖的那些习惯，与他在凌晨3∶00时依赖的习惯是一样的。

如果你的学步期的宝宝在半夜把你弄醒，你就要在睡觉前跟他说说夜里有什么不同，家里的每个人都需要睡个好觉，你将在你的房间里睡觉，他将在他安全而舒适的床上睡觉，而且你第二天早上会进来看他。如果他醒来，并在他的卧室门口号啕大哭或者轻手轻脚地来到你的卧室，要把他送回他自己床上去。孩子健康的睡眠习惯在很大程度上是由父母的态度、情感状态和决心决定的。

得到充足的睡眠

确保你的宝宝得到足够的恢复性的深度睡眠，与让他学会自己入睡同样重要。我建议那些参加 RIE 父母-婴幼儿指导课程的父母们，如果他们的宝宝累了，他们应该早在晚上 6:00 或 6:30 就让他躺下睡觉。这通常会让他们大吃一惊：

"在一整天都没见到他之后，我就没有任何时间和他玩耍了！"

"可是，我直到下午 5:00 才把他从日托接回来。"

"如果我让他 6:00 上床，难道他不会早上 4:00 就醒来吗？"

得知让一个婴儿晚点儿睡觉并不能让他在次日晚点儿醒来，往往会让父母们大吃一惊；事实上，反过来往往才是真的。马克·维斯布鲁克博士[①]说："早点儿睡觉会让你的孩子晚点儿醒来，正如睡得太晚最终会导致醒得太早一样。要记住，睡眠带来睡眠。这不符合逻辑，但符合生理。"尽管可能看起来与直觉相反，但让你的宝宝早点儿上床可以帮助他早上晚点儿醒来，并且晚上睡得好。同样，把一个婴儿从小睡中叫醒或彻底不让他小睡以试图让他晚上睡得更好，可能会让夜间睡眠变得更困难。

---

① 马克·维斯布鲁克博士（Dr. Marc Weissbluth），美国著名儿科医生，多部畅销书的作者。Northwestern children's practice 的创立者。——译者注

特别是对于工作的父母们来说，早点儿睡觉可能说起来容易做起来难。如果你不能在6:00之前把你的宝宝从儿童看护中心接回来，那么他就不可能在6:30上床，但是，要尽一切努力让他尽早睡觉。晚上洗澡并不是必需的，所以这是缩短睡前惯例的一种方式。

当莱斯莉带着她8个月大的女儿奥利维亚来上父母-婴幼儿指导课时，奥利维亚目光呆滞并且无精打采，我问了她的作息时间。莱斯莉说，她和她的丈夫迈克尔通常在晚上8:30让奥利维亚上床。迈克尔到7:00才能下班回家，而且他很珍惜和女儿在一起的这段宝贵的时间。他们在周末保持同样的作息时间。当我们那天观察宝宝们的时候，莱斯莉能清楚地看到奥利维亚没有玩玩的东西，而且没有像其他孩子那样与别的宝宝互动。她完全是太累了。莱斯莉和迈克尔承诺改变他们的作息时间，以便奥利维亚每晚能在6:30睡觉。他们也改变了自己的作息时间——晚上10:00上床，早上5:30起床。因为这个新的作息时间，奥利维亚在迈克尔下班回家之前就睡着了。但是，当她在早上6:00醒来时，迈克尔就能在7:30必须出门之前与自己得到了充分休息的女儿相处一个半小时。这个作息时间的变化是一夜之间发生的吗？不是。莱斯莉和迈克尔一开始需要做一些牺牲吗？是的。但是，他们的回报是一个睡眠充足的宝宝，一个看上去与他们以前认识的那个疲倦的宝宝有那么大不同的宝宝。在这个新的时间表建立几个月之后，我们正在班上观察宝宝们。莱斯莉分享了她对奥利维亚的观察，以及自从他们改变了家庭睡眠时间以来，奥利维亚的举动以及与其他宝宝的互动有了多么大的变化。她承认，他们以前完全没有意识到奥利维亚长期以来过度疲倦。莱斯莉和迈克尔找到了对他们家管用的一个解决方案。

生　病

当你的宝宝生病时，他将需要你更多的安慰。他可能想要被你抱在怀里，而且通常会需要你更多的关注。他自我安慰的能力可能会减弱，所以，他可能比平时更依赖你。如果他已经养成了一觉睡到天亮的习惯，当他生病的时候，如果他醒来而且感到不舒服，他可能会需要你。不要担心。要观察并向你的宝宝提供你认为他当时需要的东西，并且要知道，当他感觉好起来时，你们两个都能让惯例和作息时间重回正轨。恢复以前的惯例可能需要一些时间，但是，有决心做到就会让一切大不相同。

度　假

由于可预测性是健康的睡眠习惯的一个重要组成部分，当你和你的宝宝离开家并且他要在一个不熟悉的地方睡觉时，要尽可能地保持你们的睡前惯例和作息时间表。如果他有一个心爱的小毯子或玩具，一定要带上它。例如，如果你们要去奶奶家，一到那里就要让你的宝宝熟悉新环境，而且要在睡觉前早早地做这件事。要花时间一起在卧室里待一会儿。要让你的宝宝看看他将要在哪里睡觉。要告诉他你将如何拉上窗帘并调暗灯光，就像你在家里做的那样。像通常一样，你的态度将向你的宝宝传递有关这种新经历的很多东西。如果你感到自信并且很轻松，你的宝宝也会意识到这一点，而且会觉得在奶奶家睡觉和在自己家里睡觉差不多。

如果你们要去一个不同时区的地方旅行，要在这个新地方的相应时间让你的宝宝上床睡觉。也就是说，如果他平常的睡觉时间是晚上 7:00，要在你们新地方的晚上 7:00 让他躺下，而不是在家里时间的晚上 7:00。你可能会惊讶地发现，你的宝宝在一个显得很奇怪的时间需要一次恢复性的小睡，所以，要确保观察他的疲倦迹象。当你们回到家时，要以同样的做法来把他的作息时间调整回当地时间。

从婴儿床到大床

你的宝宝应该在什么时候从婴儿床换到一张大床上呢？许多父母在他们的学步期孩子已经从婴儿床上爬出来并从上面掉下来后给孩子换床。另一些家庭会在一个新宝宝快出生的时候让孩子换床。在这种情况下，明智的做法是在新宝宝出生之前几个月开始这个转换过程。换一个新地方睡觉的同时有一个新弟弟或妹妹，对大多数孩子来说都是难以承受的。

一般来说，大多数学步期的孩子会在 2～3 岁之间的某个时候换到一张大床上。但是，要等到你的宝宝睡眠很好之后，再考虑让他换到大床上。分两步做有助于事情进行得更顺利。你可以先让他从婴儿床上换到地板上的一张床垫上。这样，就没有人需要担心他会从床上掉下来了。当你的孩子对此感到很舒适，并且至少成功地这样睡了几周后，你就可以让他换到大床上了。如果你不想在地板上放一张床垫，床栏能提供更多的安全和保障，直至你的孩子习惯了在自己的新床上睡觉。

像通常一样，与你的孩子谈谈他的新床是很重要的。既然他不再在婴儿床里睡觉，有些限制可能需要加强。“今晚你将要在你房间里的新床上睡觉了。它又舒适又温暖，而且你能抱着泰迪熊。我希望你在你的床上待到明天早晨。”谈谈这个变化并问问你的孩子是否有什么问题，能帮助你发现他对他的睡眠安排可能存在的任何焦虑。你的平静态度能够帮助传递出这是一个自然的转变，一个你知道他已经成功而轻松地做好了准备的转变。如果你的孩子突然站起来并走出他的房间，要平静而温和地把他抱回去，并告诉他，他需要待在自己的床上睡觉。在他开始会爬之前就在他的房间门口安装一个围栏，能帮助他更容易地向大床过渡，因为边界早就已经建立起来了。

父母们渴望他们的宝宝能睡一整夜，以便让全家人都能够休息一整夜，这是可以理解的。你越少“帮助”你的宝宝睡觉，他就能越早学会自己睡觉并且睡一整夜。如果你一旦把他放下他就开始哭，或者当他不再需要半夜吃奶时在半夜哭，你要停一会儿，并观察一下，看看他是否能自己平静下来，而不是冲进去把他抱起。要建立一个睡前惯例，并给你的宝宝时间来习得诸如自我安抚和自己入睡的技能。你很快就会注意到他有多么能干。

第 5 章

自由地活动

如果我们允许每个婴儿都按照他自己的时间并且以他自己的方式活动，而不是试图教他，那么，每个婴儿都能更轻松而且高效地活动。

——玛格达·格伯《亲爱的父母》

“琪拉雅还在爬吗？”

“莉莉多大了？说真的，她还不会走路吗？”

人们会非常关注那些到达某些里程碑事件的婴儿，比如翻身、爬行、坐起来、站立和行走。如果婴儿到了一定的年龄还没有完成这些里程碑事件，他们的父母有时候会变得很焦急。但是，在一个婴儿能够坐起来、站立或行走之前，他必须搞清楚如何在每一个使他为到达下一个重要里程碑做好准备的过渡姿势找到平衡。在他有意识地从平躺翻身到趴着之前，他要练习在侧躺时保持平衡。在他能够坐起来或站立之前，他必须先学会在自己的身体离开地面越来越高的过程中保持平衡，直到最终能够在站直的时候支撑住自己的体重。对于一位父母来说，可能需要大量的练习才能学会放松下来并欣赏一个婴儿正在做的事情，而不是为他尚未达到的一个里程碑而焦虑。玛格达问道：“承认做好准备的重要性为什么那么难？正常发育的孩子会做他们能做的事情；他们不会有所保留。那些期望自己的孩子能超水平发挥的父母是在制造失败和沮丧，既是给他们自己，也是给孩子。难道人们没有意识到当他们不是去欣赏小孩子能够做到的事情，而是期待孩子做不到的事情时，会对孩子们造成什么影响吗？”

在托儿所工作的那一年，我们一开始只有一个孩子……那是多么好的一个孩子啊：他就是身边人的开心果。他会微笑，还会发出咕咕声，会安静而轻松地入睡，开心地躺在地板上玩……基本上，他就是一个“容易相处的”宝宝。当他长大一点的时候，我开始想知道他会在什么时候翻身。他似乎很感兴趣：他会看着身边的玩具，而且有时候会稍微弓起后背并扭动身体，试图伸手去抓它们；但是，如果他够不到，他也会开心、放松地平躺在那儿，并对着天花板笑。我告诉大家说，这是对我对孩子们的天生能力的信任的真正考验……我想：“难道你们不知道吗？我有机会亲眼看着一个孩子学翻身，而且我已经了解这个小家伙，他平躺在那里是那么快乐，翻不了身也那么快乐……他会越长越高，而且一不留神，他将会直接从地上站起来，走进幼儿园，根本不用翻身！”但是，随着时间一天天过去，我开始注意到他有时候变得有点难以取悦：他不再是那个安静地躺在地板上的心满意足的宝宝了。他会哭，会扭动身

体，会蜷起自己的身体，甚至在我把他抱起来的时候，他也会扭着身子够地板。我很纳闷，他是饿了吗？不是。是困了吗？不是。他需要换尿布吗？不是。那到底是怎么回事？哎呀，在出现这种难以取悦的情况几天之后，他会翻身了！啊哈！他身体中的某些东西告诉他是时候翻身了，而他就做到了！

——梅拉尼·莱德古（Melani Ladygo），RIE 导师

正如玛格达指出的那样，婴儿生来就知道如何活动；他们不需要别人教。他们在子宫里就又动又踢，而且一出生就继续活动。活动是非常本能的一件事，以至于如果一个新生儿被放到妈妈的肚子上，他就会朝着乳房的方向移动。精细运动（手和手指上的肌肉）和粗大运动（脖子、躯干、胳膊和腿上的大肌肉群）会自然而然地发展。当婴儿们准备好的时候，他们就会抬头、翻身趴着、爬以及行走。他们从活动中得到快乐，并且无需大人帮助或指导就能学会活动。

很多父母相信，他们需要锻炼自己的宝宝或者教他们如何爬下楼梯或行走。但是，你的宝宝自然的活动方式对他来说永远是最好和最安全的活动方式。有很多次，我看到一个宝宝开始头朝前爬下楼梯，然后，一个大人走了过来，掉转宝宝的身子，并指导他脚朝前下楼梯。我看着一个朋友一遍又一遍地把宝宝放成这种方向，而她的宝宝每次都继续头朝前爬下楼梯。头朝前向下爬是很有道理的。这个宝宝能看到自己要爬向的地方！

想象一下你正要骑自行车出去转转，而一个朋友说："不，不。你不能那样骑自行车，你必须这样骑。"你会认为这个朋友疯了。对你的宝宝来说是一样的。要克制住，不要指导你的宝

宝，要让你的宝宝去发现如何做，而且，当他练习每一个新姿势时，要为他感到高兴。你可能会注意到，当你的宝宝首次练习一个新动作，比如走路，他会全神贯注于自己的平衡并迈出一步。当他掌握了一种动作时，他会通过在做这个动作的同时摆弄一个东西来增加其复杂性。他会拿着一个物品，而一旦他能够轻松地做到，他可能会拿两个东西，而最终他会在迈步的同时把两个东西互相碰撞或者甩来甩去。除了观察一个婴儿或者学步期的孩子是否在活动，还有很多事情可以观察。如果你仔细观察，你会注意到他如何活动以及当他处在某个特别的姿势时在干什么。当他在最开始试探性地迈出那几步时，他很轻松吗？当他在移动重心、向前迈步之前集中精力寻找自己的平衡时，他是屏住呼吸，还是吐着舌头？在他走的过程中，他关注的焦点在哪里？他是在看手里拿的东西、在看你，还是在看房间里的其他东西？对你的宝宝来说，从仰面躺着进步到迈出头几步，需要大量的练习和学习。通过仔细观察，你将能够欣赏到正在发生的那些练习和进步。这并不只是简单的“他会坐，会站，会走了吗?”，因为你的宝宝正在做的远不止这些。

婴儿是如何学会活动的

当你的宝宝活动时，他的大脑会接收到来自他的肌肉和关节的反馈，而且，他发育中的神经系统会得到有关身体如何运转才能协调地活动的重要信息。当你的小婴儿被平躺着放并且被允许自然地活动时，他会本能地以让自己为发育进程中的下一个阶段做好准备的方式活动。翻滚或者在趴着的时候抬头将增强其脊椎和核心肌群[1]，他最终将需要它们来舒适而自信地保持坐姿。

玛格达教给我们，婴儿永远都不应该被放成他自己还无法做到的姿势。比如，当一个婴儿被支撑着保持坐姿时，他就被剥夺了练习那些将让他为粗大运动发展的下一步做好准备的关键能力的机会。他的发育顺序会被打断。他甚至可能会跳过将告知他的躯干肌[2]如何轻松地共同工作这一过程的某些重要部分。处于被支撑着坐起来的姿势时，他的脖子、躯干和臀部会受到压迫。当他吃力地挺直身子时，他的头可能会点来点去，从而影响他的平衡和视野。他可能会屏住呼吸。而且，情感方面会受到什么影响呢？当你的宝宝还没有能力自己保持平衡时，如果他感到重力在把他向下拉，他就无法放松下来。他将需要依靠一个支撑物或者你来挺直身子。但是，如果你看向了其他地方，而他倒下了呢？而且，即使你时刻警觉，当他开始失去平衡时，即便你抓住了他，他仍然会受到惊吓。如果他的身边有一个有趣的玩的东西，他不倒下就可能没办法够到。

许多父母说："但是，我的宝宝喜欢被支撑着坐起来，以便他能看到周围正在发生的事情。"一个经常被放成坐姿的婴儿会习惯于这种姿势，而且当他刚被放躺下时会抗议。他已经学会了喜欢坐姿，因为他已经熟悉了这种姿势——而不是因为坐姿可以提供一种更好的视野，让他能看到周围发生的事情。事实上，一个无法自己保持坐姿的婴儿实际上远不及一个平躺着、可以转动头部环顾四周甚至看到后面的宝宝能看到的多。同样，如果没有人把一个婴儿或者学步期的孩子放到一个爬行或攀爬装置上，并

---

① 核心肌群（core muscles），指的是位于腹部前后环绕着身躯，负责保护脊椎稳定的重要肌肉群，主要由腹直肌、腹斜肌、下背肌和竖脊肌等组成的肌肉群。——译者注

② 躯干肌（truck muscles），是指人体躯干上的肌肉群，包括背肌、胸肌、膈肌、腹肌和会阴肌。——译者注

在他身边随时保护他的话，他就不会开始依赖于别人来保证他的安全。他注定会更安全，因为他将养成集中注意力并依靠自己的习惯。他可能会靠近一个装置去探究一番，但是，在他感觉自己准备好之前，他不会在上面爬或爬上去。而且，还有谁能比婴儿自己更了解他什么时候准备好了呢？当你的宝宝准备好活动时，他就会以一种自己感觉舒服的方式去做。在爬上第二级台阶之前，他会在第一级台阶自信从容地练习爬上爬下。

当允许你的宝宝的粗大运动能力发展自然而然地展现时，他将会习得找到平衡、坐起来以及行走之外的其他能力。正如他发现了如何在每个新姿势中找到平衡一样，他将学会集中注意力和专注；他将学会解决问题，并依靠自己解决问题。当允许他以其自然的方式活动，而不哄劝或督促他做超出他能力之外的事情时，他就会知道人们接受的是他本身，而且不会迫使他以他还没有准备好的方式去活动或者表现。

塞伊的某些运动能力一直比很多婴儿发展得晚，但是，多亏了 RIE，我们给了他需要的所有时间，允许他按照自己的节奏学习。他主导着自己的进程并形成他自己的方法，所以，我们不但有机会看着他学习，而且我们还了解了他是如何学习的。而且，他从每项成就中都获得了信心。当他一开始翻身的时候，他会先翻到侧躺，并且在翻回去之前保持这个姿势几分钟。几个星期后，他开始翻身到四分之三，而且很开心地保持这个姿势，从来没有完全翻过去。当和他同龄的宝宝都会翻身的一两个月之后，他终于开始能完全翻过身来趴着了。值得注意的是他的动作有多么优雅，以及他从这个动作中体验到了多少快乐。他非常喜欢这个过程中的每一

步，并为之做好了准备。

一开始，我们确实不得不阻止几个好心的朋友和家人“帮助”他翻身，而且不得不控制着我们自己把塞伊与其他孩子做比较所带来的不安全感。RIE 帮助我们重新把注意力放在他身上，并且帮助我们抗拒住了以牺牲他自己的探索和冒险为代价而为他做得太多的倾向。

——比安卡·西格尔（Bianca Siegl）

每个婴儿都是根据自己内在的时间表来学习活动的。对于一个发育迟缓或者面临挑战的孩子来说可能尤其如此。有时候，父母的好心帮助和干预会妨碍一个孩子形成他自己的一些应对策略的能力。卡萝尔·平托（Carol Pinto）在她的关于莫莉——一个有特殊需求的孩子——的文章中，讲了这个还不会爬的孩子是如何自己学会滚下一个斜坡而到外面去的。莫莉想到室外去的愿望对于她想出如何自己到外面去的方法，是一个强大的动力。照料她的人原本肯定可以把她抱出去，但这样做会剥夺莫莉自己主动做到而产生的满足感。玛格达教给我们，要注意并欣赏一个孩子能做的事情，而不是从还有哪些做不到的事情的角度去观察他。

RIE 的一个重要观念是，要慢下来并允许孩子们根据自己个人的时间表做出反应和成长。那些有发育问题或者挑战的孩子们，比其他孩子更需要如此。这并不意味着我们不给他们提供能帮助他们应对或克服这些挑战的治疗，而是说我们仍然必须对孩子自己的做事方法抱

有一种信任的态度。对于那些有一个发育挑战的孩子的父母来说，他们对自己作为父母的信心已经遭到了打击，而且，他们那种可以放手让宝宝自然成长而所有的事情都会好起来的感觉也受到了打击。所以，他们会努力抗争。或许，RIE 能帮助他们相信一种不同的成长过程。

——露丝·安妮·哈蒙德（Ruth Anne Hammond）
RIE 导师

新手妈妈珍妮来到教室，坐了下来，并将她 7 个月大的女儿埃拉以坐姿放在了她的面前。所有的其他宝宝都还在爬，而且无法自己坐起来。很快，一个名叫梅的宝宝爬了过来研究这个新来的陌生宝宝，并且开始拽埃拉的袖子。埃拉被困在坐着的姿势里，无法动弹。她的妈妈意识到，这个姿势无论在身体上还是情感上都让她的女儿不舒服。埃拉无法转向充满好奇心的梅，也无法从她身边离开，而且，不冒翻倒的风险，她就够不到任何一个玩的东西。她无法做到依靠自己，因为她需要妈妈扶着才能坐直。对于珍妮来说已经很明显了，支撑埃拉坐着肯定无法帮助她形成一种能力感和自信心。我鼓励珍妮把女儿放下来平躺着，最开始只躺几分钟，以便她能习惯这个新姿势。一开始，埃拉很烦躁，因为她已经习惯了坐着。但是，由于她的妈妈坐在她身边而且有时候甚至躺在她旁边，给她提供了支持，她开始用越来越多的时间平躺着，直到她对这个姿势感到舒服和满足。

要让你的宝宝躺在一个平坦的表面上，以便他以自己选择的时间和方式自由地活动。每一个健康的婴儿在这种仰卧姿势的时候都会最有能力，这个姿势能让他的整个身体完全被身下的地板或平面托住。在这个姿势，他还能够完全放松下来，并且能够在他想变的时候随时变成另一种姿势。

你的新生儿宝宝的动作一开始会像痉挛一样。他的双腿是弯的，或者朝着腹部蜷缩着，他的胳膊和手可能会突然挥动。几个星期后，他的动作就会变得更加流畅。他会开始练习向一侧翻身，并在这个姿势中找到平衡。在不管是有意还是意外地翻过身趴着之前，他可能要把这个动作做好几个星期。当他第一次翻过身趴着的时候，他的胳膊可能会被压在胸部下面，而且他会努力把它抽出来。帮助他抽出胳膊对他学习如何独立完成这个动作是没有益处的，因此，要克制住，不要帮助他，并且要看看他自己是怎样设法做到的。如果他努力了一会儿，然后累了或变得很不安，你可以将他翻过来仰面躺着或者抱起来安慰他。过一段时间，他将学会如何轻松而有效地将胳膊从身下抽出来。

在你的宝宝能够熟练地从仰躺翻身成趴着之后，他会花时间向前伸展他的双臂，去够一个物品，并且最终肚子贴在地面上匍匐着爬向那个物品。随着他能更好地控制自己的身体——先是水平方向，然后逐渐开始垂直方向——他会通过练习这个过程中的很多过渡姿势来达到粗大运动的若干里程碑式的转变，直到会走路。在进展到下一个里程碑之前，他将学会在每个新姿势中保持平衡并掌握这个新姿势。

在一次 RIE 父母-婴幼儿指导课上，14 个月大的萨姆发现了一个一侧开口、顶上有个大洞的木箱子。他低下身子钻了进去，站起来，把头从洞里伸了出来，并满面笑容地挨个看向大家。在用一个金属杯子在箱子上敲了一分钟之后，萨姆明显在琢磨怎么从木箱里出来。他看向他妈妈特蕾西，而她走到了他的身边。她说：“你正在努力想明白怎么从这个箱子里出来。”他继续尝试解决自己的问题，并不时地看向妈妈以寻求安慰。他妈妈说：“你抬了你的腿，但是腿没法从洞里出来。”特蕾西可能一直很想把他从箱子里抱出来，但是，他能学到什么呢？有了特蕾西坐在箱子旁边的地板上提供的情感支持，萨姆继续自己解决着问题，并且终于想明白了通过降低头部和身体，他就能从箱子开口的一侧出来。他脸上的笑容传递着他对自己的成就的满足感。萨姆不仅发现了如何从箱子里出来，而且发现了他能自己找到一个解决办法。通过克制住自己不去解救萨姆，特蕾西发现了萨姆是多么能干和有能力。

当一个大人总是介入去解决每一个或大或小的问题时，婴儿会迅速学会寻求帮助，而不是自己努力找一个解决方法，而且，放弃努力并依靠一个大人解决每一件小事就会变成一种习惯。这个孩子不仅被剥夺了自我满足感和成就感，而且，他的自信心和自立意识也会开始受到侵蚀。通过允许你的宝宝的粗大运动能力自然而然地呈现，你就是在支持他的身体和情感的发展。你的宝宝将能够放松下来，因为他永远不会被摆成一个他自己无法做到的姿势。相反，“锻炼”孩子不仅会让他感到不舒服，而且还传达了一个信息，即“你现在能做到的还不够；我希望你做更多”。这种情况对于有特殊需求的孩子来说是很常见的，尽管他们需要额外的时间来练习并完善某个具体的动作，但是，人们给他们的时间经常少得多。

允许你的宝宝按照他自己的时间表成长，向他传递的信息是你接纳现在的他。当他摇摇晃晃地迈出头几步时，你可能不得不克制住自己，不要鼓掌并欢呼，而要给他时间。要学会欣赏并从你的宝宝此刻正在做的动作中得到快乐。要让他来决定他是否想走路以及想走多远。要观察他怎样迈出了试探性的头几步，而不是他走了多远。当他准备好从房间这一头走到另一头时，他就会这样做，而且在你知道之前，他就会跑了。然后，你也许会回顾并且会想：“着什么急呢？”

正如我在父母-婴幼儿指导课上学过的那样，婴儿永远都不应该被摆成他还无法自己做到的姿势。因为我把它实际运用在了我们去公园的时候，我从来不把我的两个儿子放在一个攀爬器材或单杠上，或者帮助他们爬树。因为他们已经习惯了不受干扰地玩耍，他们从来不让我帮助他们。当他们长大一点儿的时候，他们在公园里就比其他孩子爬得高了，然而，他们不是冒失鬼，因为他们知道自己的局限。

我的两个儿子经常看着其他父母把他们的学步期的孩子甚至小婴儿放到吊环或者树上。威廉和杰克逊等了很长时间才能玩单杠和吊环桥。

有一天，当杰克逊站在平台上并望着吊环的时候，他问我："你认为它安全吗？"我清楚地记得这一刻，因为这是他唯一一次问我他能否做某件事。

我回答："我不知道，你觉得安全吗？"他看了看横杠和下面的地面，想了想，然后决定不跳起来去够横杠，并且爬了下来。

当我们第二天再去这个公园的时候，我抬头看到杰克逊在单杠上，从一个单杠晃到另一个。他是那么自豪，并感到那么有成就感。这让这么长时间以来等待的每一秒都是值得的。当他准备好的时候，他战胜了单杠，用的是自己的判断和安全意识。

我抬头看着他并且平静地说："我看到你吊在单杠上晃来晃去的。"他是为自己做的，而不是为了我或其他人。

——吉尔·杰托·李（Jill Getto Lee），RIE 导师

各种携带宝宝的装置

当考虑到诸如婴儿摇椅、学步车、婴儿背巾、前抱式婴儿背带、后背式婴儿背带时，问题在于“满足的是谁的需要？”。很多时候，这些装置是为大人的需要服务的——让一个婴儿不能自主活动，以便大人能够做饭或者洗澡。当然，有些时候，当你们旅行或者出去办事的时候，让你的宝宝待在汽车座椅、婴儿背带或婴儿车里是有必要的。但是，这些装置都不理想，因为它们会限制你的宝宝的自由和自然的活动。如果你的宝宝在一个装置里看上去不舒服，那么他就是真的不舒服。如果你想帮助你的宝宝学会自我安慰，就不需要将婴儿秋千作为一个安慰装置来使用。如果你有一个安全的玩耍区域，就不需要一个主要目的可能是让宝宝待在里面出不来以确保其安全的婴儿摇椅。学步车无法帮助一个刚刚开始走路的宝宝学会自信地行走，而且，如果学步车开始以孩子无法跟上的速度移动，事实上还可能有危险。此外，婴儿摇椅和秋千会对婴儿的骨盆施加压力，并且可能会造成胸部受到压迫。婴儿们有时候在自己能够坐起来之前就被放在一个后背式婴儿背带里。他们会弓着腰，并且为保持平衡可能要抓着大人。当他们努力保持直立的时候，可能会绷紧自己的背和脖子。当一个婴儿被脸朝前、背对着你放在婴儿背带里时，他的双腿是张开的，而且他的屁股是以一种不自然的方式张开的。他无法回头与你进行眼神交流，而且，看着这个世界迎面而来——即使速度很慢——也可能给他造成压力。如果他面向你，他就几乎没有能力活动他的头，而且，不论他的脸面向何方，他都无法自由地转动头部，以便对一个声音做出反应。想象一下你听到了一个让你感兴趣或者受到惊吓的声音，并且无法扭头看看那是什么的情形。尽管一个婴儿被悬挂在背带里的时候可能看上去很放松，但是，以这种方式处于无法活动的状态可能是焦虑的一个来源。可取的使用婴儿背带的一种情形，是你需要和你的宝宝以及另一个孩子步行，而且你必须紧紧抓住这个孩子的手以确保其安全的时候。

当然，当你抱着你的宝宝和搂着宝宝的时候，把你的全部的注意力给予他是很重要的，但是，抱着和搂着与用一个装置把他“穿”在身上是大不一样的，在后一种情形中，父母通常很少或者完全不关注宝宝，而是在做别的事情。玛格达建议，更可取的做法是让你的宝宝花些时间待在他的婴儿床或安全玩耍空间里，让他能自由地伸展并且活动。然后，当你们在一起的时候——照料他时或者其他时候——你就能够给你的宝宝全身心的关注了。

婴儿车怎么样？对于一个还不会自己坐起来的婴儿来说，最好是仰面平躺着。有些婴儿车能让你的宝宝在出生后的头几个月里保持仰面平躺的姿势。这种婴儿车是很理想的。一旦你的宝宝能坐起来，后置式婴儿车[①]是最好的。受邓迪大学心理学院委托，英国国家读写信托基金会做了一项研究，来检验前置式婴儿车与语言习得之间是否存在任何关联。很明显，当婴儿在后置式婴儿车里，能与母亲进行眼神交流时，母亲与婴儿的交谈多了两倍。这对于在前置式婴儿车里的宝宝来说是不可能的，而且他们还表现出承受着更大的压力。如果你们走在繁忙都市的一条人行道上，想象一下作为一个待在婴儿车里的小婴儿或学步期的孩子，在无法看到身后的父母的情况下，面对迎面而来的人流会是什么

① 后置式婴儿车（Rear-facing stroller），在这种婴儿车里，婴儿是面向推车人的。——译者注

情况。如果你决定使用前置式婴儿车，要确保花时间与你的孩子连接并安慰他。

环境、器具和衣服

为了让你的宝宝或学步期的孩子能自由而独立地活动，重要的是让他拥有一个能这样做的安全空间——一个他想怎么活动就怎么活动而不会受伤的地方。如果你记住了 RIE 给孩子提供一个安全的玩耍空间的原则，你的宝宝就能自由地想在哪里玩就在哪里玩，想怎么玩就怎么玩，而且你也能自由地放松，因为知道他是安全的。

有些人相信把自己的宝宝放在铺着垫子的柔软表面将保护他们免于受伤，但是，硬表面是最好的。它能提供你的宝宝需要的稳定性，以及在他努力找到平衡时的信息反馈。想象一下你在一块松软的体操垫或粗毛地毯上与在硬地板上迈出头几步的区别。哪个更容易？在 RIE，我们把一个纯棉床单铺在一个泡沫游戏垫或编织地毯上，并把它的四角紧紧地掖在下面；这给还不会爬的小宝宝们提供了一个平坦、干净的表面。对于那些会爬的婴儿或刚开始走路的学步期孩子来说，木质地板是最好的，因为它是硬的，而且具有一定的弹性。当婴儿开始爬行的时候，提供一些能让他们安全地爬上去并且爬过去的东西是很理想的。一个厚实的沙发垫或不太厚的垫子都能很好地达到这个目的。当他们开始拽着东西站起来时，他们需要一些固定的东西拽。如果你的咖啡桌是圆角的，而且是木质而不是玻璃的，你的宝宝可能喜欢拽着咖啡桌站起来，并抓着它。婴儿当然能拽着沙发站起来，但是，把沙发放在你的宝宝的玩耍区域是不安全的，因为你的宝宝最终会爬上去，而且，当你不在场的时候，很容易从上面摔下来。

为了让一个婴儿能自由地活动，他需要不束缚他活动的衣服。那些粗布牛仔裤可能看上去很可爱，但是，它们很僵硬，会束缚臀部，约束膝盖，让他难以爬行。背带裤、连衣裙以及过膝短裤也会让爬行成为一种挑战。面料柔软而且合身的衣服——比如，裤袜——能让一个婴儿自由地活动。在夏天，你的宝宝可以只穿尿布。

要尽可能经常让你的宝宝光着脚。要观察你的宝宝的双脚，并看看他是如何用他的脚趾配合活动的。如果他翻身成侧躺，要注意他如何运用脚趾——尤其是大脚趾——来保持平衡。如果他在爬，要看看他是怎样用脚趾向前推，以便他能向前移动的。袜子和鞋子都会阻碍自由活动，因此，只要有可能，就要让你的宝宝光着脚活动。如果你的学步期的孩子穿着鞋子或者凉鞋，其鞋底应该是有弹性的。要避免鞋帮超过脚踝的鞋子，因为这种鞋子会让踝关节无法自由活动。

为了练习活动，你的宝宝需要空间。多大的空间呢？对于那些还不会爬的小婴儿来说，一个小空间就足够了。在 RIE，我们有一块供 1 ~4 个婴儿使用的直径约 1.5 米的圆形地毯。一旦你的宝宝开始翻身或爬行，他就需要一个很大的空间来活动。一个能让他自由活动的整齐而开阔的空间，将有利于他的粗大运动探索。即使是在一间很小的公寓里，也要尽量找到一个能让你的宝宝自由活动的角落。当然，这个玩耍空间应该是彻底安全的。

当宝宝摔倒的时候

找到平衡需要不时地失去平衡，这是很自然的。没有哪个婴儿不经过时不时地失去平衡并且摔倒就能学会坐、站立和走路。如果我们承认失去平衡是这个过程的一个必要组成部分，或许更容易做到克制住自己而不冲过去。当你的宝宝摔倒时，他可能会受到惊吓或大吃一惊；他可能会磕个小包甚至磕破嘴唇。他可能会哭，是因为他在摔倒时惊吓了自己，而不是受伤。如果他想被抱起来，那就把他抱起来，但是，不要想当然地认为这就是他想要的。相反，如果你走到他身边并描述你所看到的，可能会有帮助："你摔倒了。这让你吓了一跳。"要相信他会让你知道他是否想让你把他抱起来或拥抱他。当我们克制住不去解救时，宝宝们就会知道他们需要多加注意，而且我们会发现他们的适应能力有多么强。相反，当我们一心一意避免宝宝摔倒时，他很快就能学会在摔倒之前依赖别人抓住他，并确保他的安全。具有讽刺意味的是，这会让他更不安全，因为他没有养成专注于怎样走路或者往哪里走的习惯。这并不意味着我们要漠不关心地坐在一旁。我们要观察宝宝，并且相信他会让我们知道他需要什么。我们要等待他的暗示。

有一次，我的女儿正在走路，不管走到哪里，总会有人说她对自己多么"小心"——她在走、攀爬甚至跌倒的时候多么"适当"。人们把这归功于她的性格，但我知道这是 RIE 的功劳。我让她在一个安全的环境里活动、攀爬并摔倒过很多次，所以她一直很清楚她身体的局限和能力。

——奥布里·西格尔（Aubrey Siegel）

有一次，我的课堂上来了一个新宝宝，他刚刚开始能站起来并走上一两步。我放了一块大约 8 厘米厚的长方形垫子让宝宝们往上爬。有些宝宝会爬上去并且爬过这个垫子；另一些会爬上去，并站起来，然后蹲下来并爬走。在这个宝宝第一天上课的时候，他爬上了垫子，站了起来，看着我，双臂向上伸着，一脚迈下了垫子，摔倒了。他的妈妈说："我想他认为你会接住他。"一个学会了自然地摔倒而不被解救的婴儿，在摔倒的时候会把两只胳膊向前伸。但是，这个宝宝一直是抓着大人的手练习走路的，因此，在他摔倒的时候会把两只胳膊向上伸，因为他习惯这样做。后来，他的妈妈说，她的宝宝还曾经花了很长时间从父母的床上跳进他们张开的手臂里。可以理解，他已经想当然地认为总会有人在那儿接住他。在课堂上，这个妈妈很快就明白了她的宝宝还没有学会关注他的身体在地板上或在一个器具上的位置，因而更不安全。她停止了在家里玩"接住宝宝"的游戏，并和她的儿子一起努力，以便他能学会集中注意力并依靠自己而不是别人来保证自己的安全。

在 RIE 父母-婴幼儿指导课上的宝宝们经常满怀好奇地走近一个新器具。他们会靠近它，并且摸摸它或拍拍它，但是，他们不会马上爬上去。他们会先探究它，然后以自己觉得舒服的方式摆弄它。那些被允许按照自己的生理时间表发展的婴儿，会形成一种内在智慧，知道自己哪些事情可以做以及哪些事情还没有准备好。

一天，在父母-婴幼儿指导课上，怀亚特爬到了一个小台阶器具的顶上。他正在愉快地趴在那里看着父母们和其他宝宝的时候，突然从上面摔了下来，后背着地落在了台阶器具的底部。他开始号啕大哭，而他那被吓坏了的妈妈克莉斯汀迅速走了过去并开始把他抱起来。他的反应呢？他的一只手猛地向前一推，看着妈妈的眼睛，并且很大声地咕哝着什么。这种咕哝的意思不会被误解。他不想被抱起来。我们在他哭的时候都静静地坐着，在他背后没有动。当我们观察怀亚特哭的时候，我们可以看到他正在大脑中处理刚才发生的事情，并且在让自己平静下来。在 3 分钟后，他的哭声减弱成了不时的抽泣。怀亚特翻过身来趴下，爬到了在旁边的妈妈身旁，爬上她的腿，要一个拥抱。我能看到克莉斯汀在拥抱怀亚特时脸上宽慰的表情。不到一分钟，恢复了精神的怀亚特从妈妈的腿上爬了下来，准备好重新探索游戏区了。大家学到了相信孩子会让你知道他需要什么的重要一课。

如果你的宝宝站在一个台阶的边缘该怎么办呢？通常，一个大人会说："小心！"但是，这些话不具体，而且对这个孩子来说并没有用。小心什么？你的话不但不能防止他摔倒，反而可能会让他分心，导致他真的摔下来。如果情况是他会从一级台阶上摔下来但不会受伤，最好的方法可能就是让他摔下来，因为这是有益的，他将学会下次更集中注意力。如果你感到担心，你可能想走到他身边，与他保持同样的高度，以保证他的安全，但是，要尽你的最大努力别引起他的注意，以便他能继续专注于保持自己的平衡。像通常一样，你要想一想，看看你是在对你的孩子的真正需要做出回应，还是在缓解你自己对他可能会摔倒的担心。停下来并且不迅速冲过去，可能需要时间和练习。

婴儿和学步期的孩子喜欢活动。他们几乎很少有静止不动的时候，而且当他们确实不动时，那也只是转瞬即逝的。如果你对自己的宝宝正在学习如何活动存在怀疑——或者即使你不怀疑——就躺到地板上并努力模仿他的动作。你能像他一样优雅且流畅地活动吗？这可能会提醒你想起翻身成侧躺，或者翻身成趴着，或者坐起来时所需要的所有必要的过渡动作。你可能会发现对你的宝宝在活动时所做以及所学的每一件事情更为欣赏。看到大自然的安排自然展现是激动人心的。

第 6 章

玩耍

孩子们自己就能玩得很好。他们不需要别人教他们如何玩耍。

——玛格达·格伯《你的自信宝宝》

你不必教你的宝宝如何玩耍。相反，宝宝会提醒我们如何玩耍，并且让我们对周围的世界有一种神奇感。

正如亨利·戴维·梭罗[①]所说："教育通常做的是什么？它把

① 亨利·戴维·梭罗（Henry David Thoreau，1817～1862），美国作家、哲学家、超验主义代表人物。梭罗毕业于哈佛大学，才华横溢，一生共创作了二十多部一流的散文集，其思想深受爱默生影响，提倡回归本心，亲近自然，其文简练有力，朴实自然，富有思想性，在美国19世纪散文中独树一帜，被称为自然随笔的创始人。1845年，梭罗在瓦尔登湖畔隐居两年，自耕自食，体验简朴和接近自然的生活，以此为题材写成的长篇散文《瓦尔登湖》成为超验主义经典作品，也是美国文学中被公认为是最受读者喜欢的非虚构作品。——译者注

一条自由流淌的蜿蜒溪流弄成一道笔直的水沟。”梭罗谈的是教育，与小婴儿有什么关系呢？我认为大有关系！很多好心的大人相信，他们需要从婴儿一出生就开始教他。他们在一个 12 个月大的孩子面前从一个盒子里往外拿圆环时会数数。他们会举起一个球并问一个蹒跚学步的孩子球是什么颜色。他们会抱着婴儿在屋里走来走去，指着各种东西并说出它们的名称。但是，教一个婴儿或者学步期的孩子是没有必要的。当你信任你的宝宝在日常生活中就会学习时，你和他一起度过的时间就会有更多的乐趣。

所有的宝宝天生就是好奇的，并且迫切地想探索周围的世界。一开始，他们会注意到一个有趣的东西，并学着抓住它，以便他们能把它拿过来用嘴巴进行探索。像科学家一样，他们会以各种方式摆弄一个物品，而且是以对他们有意义的方式。当然，我们无法知道在任何特定的时刻什么东西会引起一个婴儿的兴趣，所以，重要的是要让婴儿遵从他自己的好奇心，并且看看好奇心会将他带向何处。想象一下，你对一台照相机很好奇，并且全神贯注地想要弄明白它是如何工作的。如果有人打断你，说一些无关紧要或者毫不相关的事情，或者开始给你上一堂关于照相机镜头的课，你会有什么感觉？你认为你想停下自己的探索去听这堂辅导课，还是认为你更愿意继续自己的探索？要想在不受打扰的玩耍中陪伴孩子，我们就有必要稍微退后一步，让自己“不那么重要”，而且要跟随宝宝的引领。

如果你的宝宝不是饿了或累了，如果还没到换尿布或者洗澡的时间，而且如果他在情感上做好了玩耍的准备，那么，他就可以被放到自己的玩耍区域。然后，应该由他决定自己是否想玩耍。或许，你的小宝宝更愿意仰面躺着，盯着头顶上的灯看一会儿。什么时候玩耍，是你的宝宝的决定。你可能会感到不耐烦，希望他伸手去够那个可爱的新玩具，但是，要努力放弃这种想法，而只是看看会发生什么。

不受打扰的玩耍为什么很重要

婴儿，甚至是最小的婴儿，每天都需要时间来不受打扰地玩耍。说到不受打扰，我们指的是让你的宝宝选择玩什么东西、如何玩以及玩多久。要克制住自己，不要给你的宝宝一个东西并且教给他如何用它做一些“好玩”的事情或者应该如何使用。要让你的宝宝成为他的“剧本”的创作者。要静静地坐在宝宝附近的地板上，如果有必要的话，要坐在你的手上，而且只是观察，并从你的宝宝正在做的事情中得到乐趣。他看上去对什么东西感兴趣？他是如何抓着它的：用他的左手还是右手？是满把抓还是只用他的拇指和食指？他是把这件东西放到嘴巴里还是用它敲地板或者另一个东西？当他玩的时候，他的脚动了吗？也许此时他正侧躺着，用一只脚的大脚趾保持平衡。对于学步期的孩子来说，他们如何使用这些东西？他们是将它们收集起来还是倒出来？你看到他开始玩扮演游戏了吗？

宝宝通过玩耍能学到很多重要的事情：

- **因果关系**。当他们用一个东西敲击地板时，会发出响声。两个不同材质的东西会发出不同的响声。

- **解决问题**。当他们来回转动一个瓶盖时，就无法拧开它，但是，当他们只朝一个方向转动，并且一直转动时，就能拧开瓶盖。

- **试错**。就像科学家一样，他们会了解各种东西的不同特性。

> 球可以沿着斜坡滚下去，但泰迪熊不能。形状相似的物品，可能会有不同的重量和质地。

你的宝宝会知道自己喜欢什么以及对什么感兴趣。如果大人能克制住自己，不抢着去解决每一个小问题，你的宝宝就能学会把挑战和努力看作是生活和学习的一个必然的组成部分。正如玛格达所说："努力之中包含着尊严。它会让我们的心灵更坚强。"你的宝宝能够学会一试再试，并且不轻易放弃。

玩耍事关发现，并给宝宝了解身边的人和环境的机会。玩耍会帮助培养自信心、自立、专注以及集中注意力，而且会帮助发展精细运动能力和粗大运动能力。玛格达教给我们，玩耍应该是没有限制的，而且纯粹是为了玩耍而玩耍。当小婴儿在摆弄一个东西时，他的头脑中没有具体的目标。事实上，有一个目标是成年人的想法，所以，要让你的宝宝自由地试验和探索。

例如，当成年人看到一碗塑料波普珠[①]时，我们的第一反应往往是把它们拼起来。但是，当我们布置一节 RIE 父母-婴幼儿指导课时，波普珠是以彼此分开的状态放在一个滤盆或其他容器中的。通过这样的安排，我们就不会暗示应该把它们拼起来。小婴儿和学步期的孩子会以各种各样的方式使用它们：抓起来、咀嚼榫头、把手指塞进卯眼里，并把它们当作螺丝刀来"修理"房间里的东西。学步期的孩子喜欢把它们收集到一个桶里，然后把它们都倒出来。我从来没有看到过一个婴儿或者学步期的孩子（要记住，他们都不到两岁！）把珠子拼起来。但是，我看到过父母们会无意中把珠子拼起来，如果有些珠子恰巧在他们身边的

---

① 波普珠（pop bead），是一种采用榫卯设计的玩具。每一个珠子都有一个榫头和一个卯眼，只要将榫头卡进卯眼里，就能把它们拼起来。由于它们色彩艳丽、形状花哨，小朋友可以用它们轻松地搭配出自己喜爱的首饰、吊饰、玩具等，深受小朋友的喜爱。——译者注

话。接下来会发生什么？一个孩子注意到了这串珠子，把它们拆开，自己却无法把它们拼在一起了，然后，他示意父母帮他拼起来。在认知上，他可能还没有准备好搞明白如何把珠子拼在一起，而且他可能还不具有完成这个任务的精细运动能力。因为他自己还无法将珠子拼在一起，父母这样做就会导致他沮丧，而这原本是很容易就能避免的。

一开始，当我看着我的双胞胎儿子玩耍时，我很难不去“解救”他们。我猜我是把婴儿看成了无助的。我记得在不受打扰的玩耍时间观察他们时，我是真的坐在我的手上的。这就在我做出反应之前，给了我几秒钟的时间，正好足以让我阻止自己进行干预。当我等一下看看会发生什么并且不干预时，我惊讶地认识到了我的宝宝是多么有能力。他们能够解决自己的冲突，并且解决很多自己的问题。对他们的能力的信任的种子就是这样萌芽的。

——吉尔·杰托·李（Jill Getto Lee），RIE 导师

一个玩耍的空间

还记得玛格达对安全玩耍空间的定义吗？这是一个如果你的宝宝在里面独自待上一天，当你回来时，他会饿、会生气并且需要换新尿布，但他的身体不会受伤的空间。当我问父母们，他们

的家里是否有这样一个可以让孩子玩耍的安全空间时，他们往往会说："它几乎是完全安全的。"也许所有的东西都很安全，除了墙角那盏可能会被宝宝拽倒的落地灯。如果是这样，这个环境就是不安全的。你也许应该让别人来看看你建立的这个安全空间，因为他们可能会注意到你看不到的问题。我鼓励你采取一切必要的措施，在你的家里创建一个安全空间。如果你不得不时刻保持警觉以确保你的宝宝的安全，或者，如果你不得不把宝宝约束在一个装置里，以便你在去卫生间时让他不能自由活动，那么，你就无法完全实行育养法。一些父母不愿意放一个围栏或者牺牲一块空间来为他们的宝宝提供一个安全的区域，但是，当他们这样做的时候，他们常常会说生活变得轻松多了，而且他们终于能放松下来了。

我们把餐桌和椅子放到了储藏室，并且在厨房旁边布置了一个完全安全的封闭空间。这大不一样了，我们能让儿子自己玩耍了，不必再为确保他的安全而不断地介入。这也能让我去卫生间，或者在需要的时候快速地冲个澡。他能够在这个区域玩耍，而我知道他是完全安全的。

——娜塔莎·科里根·奥尔德里奇
(Natascha Corrigan Aldridge)

在你的宝宝长到几个月大之前，他的大多数醒着的时间都会用来吃奶、换尿布和洗澡。剩下的那一点清醒的时间，可以在他的婴儿床或者游戏围栏里度过；如果这也是他睡觉的地方，也没关系。因为一个更大的空间可能会让一个很小的婴儿不知所措，

他的婴儿床或者游戏围栏是很理想的。与躺在一个宽敞房间的地板上的毯子上相比，他在这样一个有限的空间里会感到舒适和安全。当你的宝宝再长大一点，而且你看出来他准备好了的时候，他就能平躺在铺着棉布床单并且四角都掖好的垫子或小地毯上了。床单可以在必要的时候清洗或者更换。当然，你可以选择在自己愿意的时候撤掉床单，但是，在 RIE，我们一般会等到宝宝们都能坐起来时再撤。通过让玩耍空间成为“禁止穿户外的鞋的区域”，你就能够确保地板是干净的，尤其是对那些可能会用嘴咬或者舔地板的小婴儿来说。

我们把塞伊的卧室变成了一个安全玩耍的空间。这给我们所有人都带来了巨大的变化！我们能够离开他的房间去做家务了，并相信他能够继续玩耍而没有受伤的风险。

很多 6 ~ 8 个月婴儿的发展里程碑的清单都说这个年龄的婴儿应该知道“不”这个词，并能对它做出正确的反应。因为塞伊能够在他的房间里自由而安全地玩耍，而且 RIE 给了我们一些与他有效沟通的工具，我们几乎没有对他说过“不”。当然，我们并不是没有或者不愿意设立限制，而是拥有一个安全的玩耍空间意味着我们没有机会对他说不。纠正他的行为更多地是以向他解释如何温柔地触摸我们的脸或者轻拍我们的猫的方式，而不是一声刺耳的“不”。

——乔安娜·汉克玛（Joanna Hankamer）

理想的情况是你的宝宝既有一个室内的安全空间，也有一个

室外的安全空间来玩耍，如果宝宝能够自己出入这个室外的安全空间就更好了。在洛杉矶 RIE 中心的父母-婴幼儿指导课堂上，教室的门开向一个有顶棚的露天平台，以便那些会爬的宝宝们能够自己选择爬进爬出。当然，这在大多数家庭里是不可能的，但是，一定要考虑每天花些时间到室外去。人们经常想当然地认为那些粗大运动的游戏（攀爬、走、跑，等等）是在室外进行的，而室内应该留给那些更安静些的活动，但是，理想情况是，室外场所也应该为那些安静的活动提供机会。

在儿科医生迪米特里·特里斯塔斯基和公共卫生倡导者弗雷德里克·齐默尔曼合著的《客厅里的大象》[①] 一书中，他们提到了“思维习惯”。他们说，“保持专注的能力并不完全由一个人的大脑构造或基因决定。与环境的互动也在‘教’人集中注意力中发挥着作用。”也就是说，与那些生活在一个充满电视机的嘈杂声，以及父母经常突然站起来接电话或回复邮件的家庭里的婴儿相比，那些生活在一个平静的家庭里的婴儿被给予了培养专注力的机会。美国儿科学会反对让两岁以下儿童使用任何形式的媒体。如果你有一个安全的环境让你的宝宝在里面玩耍，你就不必把电视机当作一个临时照料孩子的设备。美国儿科学会还反对让孩子暴露于二手电视中——大人在看节目或开着的电视机成了背景。由于婴儿不是生来就具有过滤不想要的刺激的能力，他们会注意每一件事，而一个忙碌、嘈杂的环境不能给婴儿提供集中注意力的机会。在这个快节奏的世界里，我们很多人都被各种信息轰炸着，拥有屏蔽掉那些不必要的闲聊并将注意力集中在重要的事情上的能力，就越来越重要了。

---

① 《客厅里的大象》，英文书名 The Elephant in the Living Room：Make Television work for your kids，作者为 Dimitri Christakis 以及 Frederick Zimerman。——译者注

玩耍空间要多大

那些还不会翻身成侧躺的小婴儿在婴儿床或游戏围栏里就很满足了。一旦他们开始会动，就需要更大的空间——但不太大——以便在里面活动，并练习他们刚出现的粗大运动能力。皮克勒医生注意到："婴儿在没有限制的空间里活动和玩耍，要比在范围明确的空间里少。"

我的朋友安妮的儿子会爬时，她恼怒地给我打了一个电话。她说："无论我到哪里，乔伊都会在我的脚下。我害怕会踩着他！他可以在整个房间里随便爬，那为什么他总是在我脚下呢？"乔伊需要待在他母亲身边，因为整个房间让他不知所措。拥有那么大的空间让他没有安全感。我建议安妮安装围栏，为乔伊创造一个小很多而且界限明确的空间，她这样做了。安妮在这个区域里放了一些玩的东西，并且在那里陪着乔伊，以便"让他喜欢上"这个地方。尽管围栏对大人来说就像监狱一样，但是，对婴儿来说，围栏提供了界限和一种安全感。理想的状况是在你的宝宝开始活动之前就安装围栏，因为这会让围栏成为他熟悉的环境的一部分。相反，当一个婴儿开始移动并突然出现一个围栏时，他自然会抵触这个阻碍他自由活动的新限制。

什么时候开始给宝宝玩的东西

你也许注意到了你的刚出生的宝宝具有相当的抓握能力。他可能紧握着拳头，有时会把拳头伸进嘴里。如果你把一个东西——或许是你的手指——放到他的手里，他就会紧紧地握住它。事实上，研究表明，你的新生儿宝宝的“抓握反射”[①] 实际上有镇静的作用——当他抓住你的手指时，他的心率会降低。在他长到几个星期大之前，他还不能有意识地松开放在他手里的东西。这种反射最终会消失，而且他将能够抓住一样东西并且在自己想松手的时候就松手。他的手和胳膊的动作会变成有目的的，以便他能够向自己感兴趣的一个东西伸出手并握住它。

在刚出生后的头几周里，婴儿不需要玩的东西。他们醒着的几乎所有时间都用在了吃奶、换尿布、洗澡以及适应自己周围的环境上。最终，你的宝宝保持清醒的时间将会更长，这时，他可以只是仰面躺在他的婴儿床、游戏围栏或者地板上的一条毯子上。在那里，他可以把注意力转到自己身上，或者观察周围的环境。在宝宝大约 3 个月大的某个时候，你会注意到他发现了他的手。当他仰面躺着的时候，他会把手举到面前。一开始，似乎他并没有意识到这双手实际上是他的。当双手在他面前挥动时，他几乎无法控制它们。随着时间的推移，他将能够控制他的双手，并且会有意识地移动它们，用一只手抓住另一只手。当你观察到这种情形时，就是给他几个（3 ~4 个）玩的东西的好时机了。父母的第一个本能反应可能是递给婴儿一个玩具，并促使他玩，但是，递给婴儿一个东西暗示的是玩的时间到了。或许，他此时正喜欢安静地躺着，只是盯着窗外的那棵树。要记住，你的宝宝有自己的想法和喜好，所以，要让他决定什么时候玩、玩什么，以及他喜欢用那个东西做什么。

---

① 抓握反射（grasp reflex），又称握持反射。将手指或者笔杆触及小儿手心时，他马上会将其握紧不放，抓握的力量之大，足以承受婴儿的体重，如借此将婴儿提升在空中，可停留几秒钟。这是新生儿生来就有的无条件反射，一般在出生后 4 ~6 个月内自行消退。——译者注

与我的宝宝参加 RIE 的最直接的好处，就是认识到了每样东西都可能会过度刺激宝宝。她不需要（或者其实是不想要）那些挂在她面前的玩具，或者那些在游戏室、汽车座椅或者她的婴儿床上播放的音乐或者闪烁的灯光！她能仰面躺着并且看自己的手一个小时，非常开心。对于调低每样东西的“音量”感到很自信，帮助了我们全家的每个人。

——奥布里·西格尔（Aubrey Siegel）

玩的东西

婴儿不需要玩那些复杂而昂贵的玩具。他们每次把父母精挑细选的礼物扔到一边，而去玩面巾纸和礼品盒，都证明了这一点。玩具制造商会让我们相信孩子们需要玩具来刺激他们的感官，让他们娱乐，并且教给他们东西。但是，这肯定是不必要的，而且，婴儿们一次又一次地告诉了我们是这样。当父母们听从时，他们就能省下一大笔花在那些不必要的玩具上的钱，并且享受生活在一个没那么多乱七八糟的东西的家里的乐趣。

字典里对玩具的定义是“某种旨在让人玩的东西，尤其是让孩子玩的东西”。但是，一个玩的东西是任何一个能够让你的宝宝安全地摆弄的东西。你如何确定一个东西是否安全呢？首先，它必须是由能让你的宝宝安全地咬、舔和嚼的东西制成的。其次，如果它能够穿过厕纸卷轴的纸筒，它就太小了，会有让宝宝窒息的危险。第三，如果一个婴儿能够把整个物体都放入嘴里，那么，这个物体就太小了，是不安全的。RIE 让孩子们玩的东西都是被动的。换句话说，它们什么都做不了，除非宝宝主动地摆弄它们。它们不会动，除非宝宝让它们动；它们不会发光。它们不会发出声响，除非宝宝用这个东西敲击地板或者敲击另一个东西。经验法则是：被动的东西，主动的孩子。

育养环境支持一个婴儿通过成为一名探索者和科学家主动地参与自己的玩耍，发现各种物品的不同特性以及当他摆弄它们时会发生什么。相反，当一个婴儿拥有一个“有娱乐功能”的玩具时，他很快就会明白他在玩耍的时候什么都不用做就能被娱乐。很容易就能看到精心挑选的东西对你的宝宝产生的影响会如何远远超出婴儿期和学步期。

宝宝的第一个玩的东西，应该是柔软的，以便一个还无法松开紧握的拳头的小婴儿不会因为一个硬的东西而伤到自己。皮克勒医生推荐使用一条素色的棉手帕，我们在 RIE 就是这样做的。（那些丝质、合成纤维或者带有流苏或其他装饰物的手帕是不安全的，不应该给宝宝用。）在布置玩耍的环境时，要把手帕平铺在游戏垫上，抓着手帕的中心将其提起来一些，以便形成一个“山峰”。当你的宝宝对手帕产生兴趣时，要观察他如何研究并探索它。他可能会挥舞手帕，把它放到嘴里或者压扁它。一块简单的布料就能使他专心而专注地着迷。手帕很轻而且透气，所以，如果触到宝宝的脸，也不会伤到他。如果你的宝宝抓起手帕，举过头顶，并且在鼻子和嘴巴上方松手，你也不要惊慌。他是能够转头并且呼吸的，而且他会学会把脸上的手帕扫开。

我们会在手帕上加一个棉质、硅胶或者橡胶材质的东西——

一个能让宝宝容易抓住，而且如果他不小心敲在自己的头上也不会伤到他的东西。你的宝宝可能会开心地玩同一个东西好几个星期甚至好几个月，以各种方式了解它们、探索它们。他并不需要一个不断变化或者各式各样的玩的东西来保持他的兴趣。要把玩的东西放到你的宝宝旁边，但又不要紧挨着他，以便他能看到它们并且伸手去够。另一个玩的东西可以放的稍微远一点，需要更多努力才能够到的地方。

摇铃怎么样？我们不推荐，因为婴儿通常无法看到是什么在发出响声，而且即使他能看到，他也无法摸到摇铃发声的部位。还记得因果关系吗？我们希望婴儿理解发出声响的是什么以及为什么会发出声响。当他用一个金属杯子敲地板而它发出响声时，他就了解了因果关系。至于摇铃，他既看不到也摸不到发出声响的部位。要通过用一个玩的东西敲另一个东西，来让婴儿成为“制造声响”的人。然后，他可能会把两个东西对撞，并且发现它们发出的声音与刚刚他用一个东西敲击地板发出的声音不一样。啊哈！他有了一个发现。

我们在一个育养环境中发现的其他东西是什么呢？很多东西可以在家里找到或者有其他用途：塑料发卷、金属冰镇果汁盖子、环形罐头开瓶器、滤盆、硅胶隔热垫、松饼模具、塑料套杯或塑料套盒、木质或者金属餐巾环（未上漆的）、木质黄油模具、小金属杯、空的塑料水瓶或洗涤剂瓶子（不要盖子，并且彻底清洗过）、球（威浮球[1]或者其他棉布、塑料或者橡胶材质的表面光滑或粗糙的球）以及其他类似物品。没有必要给小婴儿或者学步期的孩子提供针对其具体性别的玩具。换句话说，男孩和女孩可能喜欢玩同样的东西，无论是球、玩具卡车还是布娃娃。对于学步期的孩子来说，要有很多球以及像汽车、卡车等可以滚动的玩

---

① 威浮球（Wiffle），一种空心棒球。——译者注

具。学步期的孩子喜欢收集，所以要有能够装东西的物品，比如碗和水桶。当学步期的孩子开始玩扮演游戏时，要给他们增加布娃娃、娃娃毯子、帽子和手提袋。年龄稍大一点的学步期孩子可能喜欢用小扫帚和小簸箕“打扫卫生”。

当你给孩子准备玩的环境时，玩的东西的摆放不能向孩子暗示他们应该如何玩。这意味着，要把波普珠散开，把套杯拆开。你知道那些儿童保龄球玩具套装吗？要把一两个保龄球瓶放倒，并且要让你的孩子发现保龄球瓶能够被立起来，也能被撞倒。我从来没有看到过任何一个不到两岁的学步期孩子把一个保龄球瓶立起来，但是，我经常看到保龄球瓶被他们用作打击乐器或者槌球棒来击打一个球。

那些被认为“易于摆弄”的小物品为婴儿提供了抓握或者摆弄它们的机会，并且发展了精细运动能力。这些小物品可以是塑料拼接玩具、圆环、玩具钥匙或小木杯。对于一个刚开始翻身或者还不能翻身的小婴儿，我们可以准备一个叠成帐篷状的棉手帕、金属果汁瓶盖、硅胶松糕模具和木质圆环，来让他放到嘴里和抓握。对于那些已经会爬的宝宝，可以增加一些不同质地和密度的东西。我们或许可以增加几个木制的小杯子、金属杯子和塑料杯子；一个装有塑料卷发器和圆环的滤盆以及一个布娃娃和填充动物玩具。

对于学步期的孩子，要注意他们在用这些东西干什么。如果一个学步期的孩子正在收集东西，就要在玩耍区域放一些空水桶、篮子和碗。如果他正在分类，要增加一些能够按照形状、类型或颜色分类的易于摆弄的玩具。要为想象类游戏放一个布娃娃，并且要拿出棉手帕——或许现在会被当作娃娃的毯子。要把这些物品有序地摆放，以便你的孩子知道每个东西在哪里，比如，每天先玩的那些球在墙角放着，布娃娃在窗户下的一个篮子里，而圆环在门边的一个滤盆里，等等。正如 RIE 的贝弗利·科瓦奇（Beverly Kovach）说的那样："想象一下，如果你早上去冲一杯咖啡，却发现你的厨房被人在半夜里重新布置过了，你会有什么感受。"每天用可预测的同样的方法布置玩耍区域，会给你的孩子提供一种安全感，并且会支持他培养对空间的控制能力。随着你的宝宝逐渐长大，你可以让他接触一些可以提供更复杂的挑战的东西：比如，套杯和带盖子的塑料广口瓶。当我们观察到某个东西已经被一个宝宝冷落了好几天时，我们就会让它"退休"一段时间，过一段时间后再重新拿出来，看看它们能否再次受宠。还要记住，少就是多。不要在玩耍区域里乱堆很多东西。要从很少几个玩的东西开始，并观察你的宝宝如何玩这些东西。

在 RIE 父母–婴幼儿指导课堂上，随着宝宝们的成长以及能在玩耍区域四处活动，我们会在里面增加几个东西。有很多东西能够让孩子们玩 20 个月甚至更长时间。随着一个孩子的精细运动能力和粗大运动能力的发展，他将会用更复杂的新方式摆弄并使用那些东西。

RIE 的孩子们喜欢的东西

还不会爬的宝宝：

冰镇果汁瓶盖和环形罐头开瓶器（金属）

卷发器（塑料）

容易把玩的小件物品：拼接玩具、圆环、玩具钥匙、波普珠、小杯子或小茶托（塑料、金属或木质）

松饼模具和防烫锅垫（硅胶）

手帕（纯色棉质，叠成帐篷状）

对于会爬的宝宝，增加以下这些：

不同大小、材质和颜色的球，棉布或橡胶材质。（在宝宝会爬之前，我们不会给他们球。对于一个无法移动的婴儿来说，碰一下球并且让它滚到够不着的地方，可能会让他很沮丧。）

瓶子：水瓶或者洗衣剂瓶子（无盖，彻底清洗过）

保龄球瓶：儿童尺寸（放倒）

碗（金属和塑料的）以及滤盆（塑料的）

黄油模具（木质）

不同形状和大小的容器或防烫锅垫（塑料或布质）

杯子（塑料、木质或者金属的）

衣服上有按扣或者拉链的布娃娃，以便学步期的孩子穿衣服和脱衣服（棉布或者乙烯基塑料）

套杯或者套盒（塑料或金属的）

填充动物玩具（只需几个）

对于学步期的孩子：要增加下列物品（但是，不要给你的宝宝太多玩的东西，那会让他不知所措）：

可滚动的玩具：玩具汽车、玩具卡车

可供收纳物品的容器：桶、碗和手提袋（编织、木质、机织物或塑料的）

广口瓶或其他带有能打开或拧开的盖子的容器（塑料、金属或机织物）

拼图

帽子和手提袋

父母在玩耍中扮演的角色

如果你不必教你的宝宝如何玩耍，也不必成为他的玩伴，那么，在你的宝宝的玩耍时间，你应该扮演什么角色呢？像通常一样，大人要负责提供一个平静而安宁的环境，提供与孩子的发展阶段相适应的物品以及让孩子练习粗大运动能力的装置。可以有一些无目的时间——当你的宝宝在安全玩耍区域玩耍时，你可以享受陪伴他的快乐。要坐在宝宝身边，最好是坐在地板上，以便你的宝宝能看到你，并在他愿意的时候爬向你。你的宝宝可能会从你的身边爬开，去探索玩耍区域另一边的某个东西。你可能会注意到他会回头看你，以确认你在那里。你的关注、情感的支持以及平静的快乐，会支持他冒险去探索周围的环境，他知道当他需要的时候，就可以回到你的身边为情感"加油"。

婴儿的注意力很容易转移，所以，你可能会注意到自己很小的举动就能打扰你的宝宝玩耍。甚至你稍微移动一下重心都足以让你的宝宝把注意力从玩耍转到你的身上，所以，要尽最大努力安静地待在那儿。当然，有时候你需要打断他的玩耍，这时，要像对待一个大人那样为打断他的玩耍而道歉。还有些时候，你可能不想或者不能在你的宝宝玩耍时陪着他。或许你是需要完成一个工作、打一个电话或者准备一顿饭。你的宝宝不仅能够学会一个人安静地玩耍，而且他可能实际上很喜欢自己一个人安静地待一会儿。当然，每个婴儿都有自己独特的个性，而且有些婴儿比其他婴儿更想让你在旁边陪着。但是，让很多父母出乎意料的是，让他们的宝宝在一个安全的玩耍区域玩耍，并不是一种剥夺或抛弃行为，而且实际上对于不受打扰地自由探索和试验的婴儿来说，可能是一件愉快的事情。

提供不受打扰的玩耍时间，并不意味着你与你的宝宝在一起时必须始终保持安静或克制。事实上，与你的宝宝分享那些高情感时刻（high affect moments）或“喜悦状态”的时刻是非常重要的，不仅是在玩耍时间，在一天中的其他时候也是如此。正如 RIE 导师露丝·安妮·哈蒙德（Ruth Anne Hammond）在《RIE 手册》中指出的那样：“大人在帮助孩子达到喜悦状态中的重要性……是所有爱孩子的好父母通过各种有趣的互动凭本能就会做的事情。”当你吐舌头并发出怪声时，你的宝宝可能会开心地尖叫，并且兴奋地踢腿，期待着你再发一次那个好玩的声音。正如哈蒙德补充说的那样：“体贴的大人由于对婴儿处理情绪的高低起伏的能力很敏感，他们就会基于与婴儿之间的反馈的直觉感受来引导（并遵从）婴儿兴奋情绪的高低。当这个过程很顺畅时，我们可能注意不到，但是，当大人对婴儿刺激过度或者刺激不足时，这种不协调就会很明显。”要在尽最大努力关注你的宝宝的信号的同时，从与宝宝愉快的互动中得到快乐。保持平衡是关键，这样，那些愉快的喜悦状态才不会对宝宝造成过度刺激。当出现这种情况时，宝宝可能需要你帮助他平静下来，或者，他可能会停止喜悦的尖叫或把目光从你身上移开，从而就发出了一个清晰的信号——他想结束了。

一些父母相信，让婴儿达到喜悦状态的最好的方式就是胳肢他们，把他们抛到空中并接住，或者让他们头朝下倒挂。一些年龄稍大的学步期孩子可能会寻求并且喜欢这种游戏，但这不是与婴儿玩耍的一种尊重的方式。这并不是由婴儿发起的，而且对待他与对待一个物品没什么区别。或许，婴儿对这种互动方式发出的歇斯底里的笑声会迷惑大人，导致大人相信笑就等于快乐。但是，笑传递的并不总是快乐，并且有可能是恐惧和不安的一种表达。如果我们更仔细地观察，或许会注意到当一个婴儿被抛向空中时，他会绷紧四肢，瞪大双眼，并噘起嘴唇——在这种情况下，这都是他不安的表现。

随着你的宝宝年龄的增长，他可能会把手伸过来让你看一个玩的东西——不要把它误认为是一个礼物，因为它可能不是。一个在玩扮演游戏的学步期孩子可能会给你一块泥巴馅饼或者“一杯茶”。这可能很有趣，你可能想都不想就开始一段这杯茶有多么好喝的独白，并且在这样做时改变游戏的进程。相反，要尽量少做，并要跟随你的孩子的引领。尽量不要对他的“剧本”或想法做出假定。以这种方式参与可能会令人很愉快——让你的孩子担任编剧和导演，而你只扮演一个配角。但是，当一个成年人在这种游戏中情不自禁时，他或她可能很快就会在无意之中“劫持”它。

在一次父母-婴幼儿指导课上，一个新来的学步期孩子把一个小硅胶隔热垫递给了她妈妈，妈妈把隔热垫举到自己面前，并说：“好烫！好烫！”这个孩子疑惑地看着妈妈，不明白她到底为什么说“好烫”。这个东西只是她喜欢摇来摇去并且用作松糕杯茶托的。她完全不知道隔热垫是什么，也没有想到妈妈会说“好烫！好烫！”她妈妈意识到自己多么希望自己说的是诸如“我看到了，你正拿着一个隔热垫”之类的话，并就此打住，接下来看看她的女儿在想什么。观察我们的参与如何影响一个孩子的玩耍是很有趣的！

我记得，当我得知我不需要为了与我的儿子建立连接而表现得特别可笑、特别喜欢音乐或者热爱冒险时，我感到多么如释重负啊！我只需要不去理睬那些让我分心的事情并且陪着他。这让我摆脱了很多寻找合适的玩

具或安排合适的外出游玩的压力，但是，把智能手机放到一边并推迟做家务，以便给他全身心的关注，还是很需要自制力的。

——切特·卡拉汉（Chet Callahan）

观察你的玩耍中的宝宝

观察你的宝宝不受打扰地玩耍，一开始可能是个挑战。你可能很难一动不动地坐在那里，既不说话也不评价。你唯一能做的可能就是不触摸你的宝宝，或者递给他一个玩的东西。要记住你一会儿会有很多时间来拥抱他！你可能会意识到你正在向你的宝宝探身过去，而不是以一种放松而舒适的姿势坐在那里。你的思绪可能会神游，而且你可能会发现自己在想入非非，或者在构思一封电子邮件。学会在你的宝宝玩耍时观察他可能是需要时间的，所以，要先从一次只观察 5 分钟开始练习。要看看你是否能在全身心地观察他的同时保持安静。如果你的宝宝看向你或者需要你，你要随时提供帮助，但是，尽量不要打扰他。要尊重他的独立，尽管这听起来很奇怪。很多父母告诉我，观察在一开始的时候会很难，但很快就变成了与他们的宝宝在一起的一段格外宝贵的时光。

在父母-婴幼儿指导课上，父母们经常把发生在家里的问题带到课堂上，但是，这个课程在很大程度上都是现场自然发生的。这意味着，我们谈论的是当天课堂上真实发生的事情。由于我们是在那里观察，为了理解宝宝和他们的行为，讨论我们看到的宝宝如何玩那些东西以及如何与同伴玩耍就是必要的。我们会以尽可能尊重的方式进行讨论，并且会用“孩子们”作为泛指，而不会提到他们的名字。如果一个孩子注意到了我们的交谈，我们就会承认。我们可能会说：“我们正在谈论你和杰西在台阶上的时候发生的事情。”为了表达尊重，我们不会当着一个孩子的面谈论他，就好像他听不懂一样。

在这些年与父母和学步期的孩子打交道的过程中，我注意到的一件事就是那些学过 RIE 的父母们学会了在他们的宝宝为掌握一项本领而努力时，他们会观察并保持沉着。他们愿意让自己的孩子体验掌握一项本领的快乐和喜悦。这似乎能培养自信心和从暂时的失败中恢复过来的能力。我个人还喜欢父母们在诸如换尿布和喂奶等护理孩子的时候所给予的全身心的关注。与这些家庭一起工作真的很开心。

——卡萝尔·普罗沃斯特（Carol Provost）
幼儿园老师

真诚地认可

玛格达教给我们，要把我们所看到的映射给孩子，而不要赞扬孩子。“你把这些圆环分开了。”“你把套杯套在一起了。”要认可并分享你的孩子成功的喜悦。“你把盖子打开了。你看上去为此真的很开心。”要克制住，不要多加一句评价性的判断，这对于培养自尊没有任何作用，事实上在大多数时候会产生完全相反的效果。正如教育家阿尔菲·科恩[①]在他的文章《不说“你干的真棒”的五个理由》中所说的那样：“‘你干得真棒’并不能让孩子安心；从根本上说，这会让他们感到有点不安。这甚至会造成一种恶性循环，我们越多赞扬孩子，孩子似乎就需要更多的赞扬，所以，我们就会更多地赞扬他。可悲的是，这些孩子中有一些长大成人后会继续需要别人赞扬并告诉他们所做的事情是否正确。这肯定不是我们希望自己的儿子和女儿将要成为的人。”

当我们运用那些认可一个孩子的努力的话语时，我们传递的信息是，技能的习得是一个需要时间的过程。“你正在努力拉开你的运动衫的拉链。”“你刚才真的很努力地在荡起秋千。”相反，当我们说类似“你干得真棒”这样的话时，我们说的是结果，而不是为了达到这个结果而付出的努力。更糟糕的是，“你真聪明”传递给孩子的信息是，他之所以能完成一件事情，只是因为他的智力——而不是通过他的努力。但是，当这个孩子面临一个具有挑战性的任务时，会发生什么呢？他可能会放弃，并说：“我不会！”他已经开始将他的智力和能力看作是预先决定并且是固定不变的了，认为他要么能轻松地做到，要么就不做。如果一个大人不把孩子的智力与其成就联系起来，当面临一个挑战时，这个孩子很可能会想：“这很难。我猜我不得不坚持不懈才能解决它。”他将会理解并接受，挑战和失败都是这个过程的一部分。

---

① 阿尔菲·科恩（Alfie Kohn，1957 年 10 月 15 日～ ），美国教育、养育及儿童行为领域知名作家、演讲家。——译者注

玛格达的赞扬标准

- 不要赞扬一个正在开心地玩耍的孩子。
- 不要赞扬一个正在为大人“表演”的孩子。
- 要赞扬一个孩子的社会适应行为——做了很难做的事情，比如等待或分享。

孩子在做什么

当一个孩子摆弄玩的东西，并将它们推来推去时，他在做什么？你的宝宝的玩耍时间并不只是空闲时间。他在做出重大的发现，并且在进行重要的学习。你的宝宝正在了解各种物体的属性，这是肯定的。但是，他还在练习并学到精细运动能力和粗大运动能力。通过重复和练习，他正在了解如何学习。当有充足的时间不受打扰地玩耍时，他就是在培养专注的能力和较长的注意力持续时间。他在学习容忍解决问题所需要的努力，并认识到挑战是人生中必不可少的一部分。如果你的宝宝能够翻过身来趴着，但还不会爬，他可能会一次又一次地伸手去够一个差一点就能够到的东西。当你看着他伸直胳膊去够一个圆环时，你可能会感到不舒服和没耐心。你唯一能做的可能就是不要捡起那个圆环并递给他。而是要等待！当你不在你的宝宝遇到一点小困难就冲过去解救他时，他就会发现他自己内在的力量和坚韧。他会按照自己的好奇心去做那些让他感兴趣并且让他喜欢的事情，而不是那些你感兴趣并且让你喜欢的事情。通过在你的宝宝玩耍时坐在那里并且观察他，你就能更清楚地看到他的独特之处。如果你已经养成了不解救他的习惯，你会发现，那些你想当然地认为会让他沮丧的事情，事实上并不会让他沮丧。当他伸手够那个圆环的时候，他将能容忍差一点够不到它。他可能会看看周围，找另一个东西去够。他可能会喜欢只是看着自己身边的东西和环境。或者，他可能会做出我在很多孩子身上看到的那种机灵的发现——抓住床单，并把它拽起来，从而导致那个东西滑向他！如果这些小科学家的父母当初为他们解决了问题，他们永远也不会有这种发现。

育养法让养育容易多了。有那么多有关如何激励你的宝宝并帮助他成长的信息冲击着父母们——有那么多事情要做——让宝宝顺其自然地发展既是一种解脱，也能极大地增强自信。我们能够慢下来并欣赏我们的儿子。观察他发展中的能力，并且只是享受我们在一起的时光。能够丢掉日程表并信任我们的儿子，对我们家的所有人来说都是一件了不起的礼物。

——比安卡·西格尔（Bianca Siegl）

要让你的学步期的孩子解决问题

一个刚进入学步期的孩子正在努力给一个布娃娃脱衣服。她使劲拉扯布娃娃穿的连体衣上的按扣，但徒劳无功，而且变得越来越沮丧。她走到妈妈身边，并将那个布娃娃塞进了妈妈的手里，示意妈妈把布娃娃的衣服脱掉，而这位母亲立刻就这么做了。当然，妈妈这样做是因为她很自然地想帮助她的女儿。但是，这种“帮助”给了她的女儿下次给布娃娃脱衣服时可以运用的任何信息吗？很不幸，没有。这位母亲解开按扣的回应可能很高效，但是，这剥夺了她的孩子练习并掌握这种精细运动能力的机会。这还给这个孩子传递了她自己做不到这个信息。相反，这位母亲可以通过说“按扣很难解开”，来认可她的女儿遇到的挑战。知道她的母亲已经看到了她的困难并正在关注，可以提供这个孩子坚持不懈所需要的全部支持。如果这样不行，这个孩子可能会要求她的母亲帮忙。那么，她的母亲可以在把手放到靠近按扣的位置，以便女儿也能把手放到那里时，说：“让我们一起做。首先，让我们解开按扣。”她们可以一起将按扣拉开，以便她的女儿能够感受到拉开按扣的感觉。在这个孩子学会自己拉开按扣之前，她们可能需要一起做很多次。这样，这位母亲就以帮助她的女儿按照自己的节奏学习和增强独立性的方式提供了帮助。

有些时候，当一个孩子反复说“我不会”时，他的意思是“我累了”或者“我想和你一起做，而不是我一个人做”。在这种情况下，给你的孩子关注并且提供情感支持，可能就是孩子需要的全部。说“我知道你能做到”或者“你不需要我的帮助”之类的话，是无视孩子的想法，并且会让孩子感觉你好像缺乏兴趣。你是在孩子明确表示需要你的时候告诉他要自己解决。如果你的孩子说“我不会”，最简单的做法可能就是停下你正在做的事情，和他一起坐在地板上，并且问他需要什么。如果他是累了或过于沮丧，他可能会选择你温暖的拥抱。

收起玩的东西

在 RIE 课结束时，就到了收起玩的东西的时间。正如我们在日常照料的过程中会慢下来，以便让宝宝理解这个过程并且在想参与的时候参与进来一样，当我们收拾玩的东西的时候，也会慢下来。对于那些还不会翻身的小宝宝，我会拿出那只用来在课程结束时收集玩的东西的大蓝碗。我慢慢地、一个一个地捡起那些东西，把它们放到碗里，并一个一个地描述："现在，我要把手帕放到碗里。""这是一个盖子。""布娃娃要到碗里去了。"因为我的动作很慢，这些小宝宝就能用目光追随每个玩具从地板上到碗里的过程。到了宝宝会爬的时候，他们可能会自己捡起一个物品并把它丢到碗里。婴儿和学步期的孩子可能喜欢参与到在成年人看来很平凡的事情中。如果他们想参与，他们会把玩具丢到碗里；如果他们不想参与，我会花时间自己做完这件事。我要求父母们安静地坐着并观察，以便孩子们能够专注于这个过程。如果 6 个或更多的大人突然站起来，并且开始把玩具往碗里丢，孩子们的注意力就不会集中在这项任务上，而是会集中在突然出现在他们头顶上的那些腿上。我们不能指望一个婴儿或学步期的孩子收起自己玩的东西，但是，示范这个过程是一个良好的开端。你可以描述你是如何把球放到篮子里以及把杯子放到架子上的。当玩的东西总是在每天结束时回到它们自己的老地方时，就会帮助孩子形成一种秩序感。

给宝宝读书

读书能够成为你与你的宝宝共同度过的一段愉快的经历，而且能够支持你的宝宝的语言发展。只要你的宝宝仍然在用嘴巴探索东西，我就建议你不要轻易让他拿到书，除非是布制或木制的书。要求一个正在用嘴啃或咬东西的孩子不对一本书这样做是不现实的。你可以把书放在一个书架上，在和宝宝一起看的时候再拿下来。何时该翻到下一页，要从你的宝宝那里得到线索。他可能想在画着公鸡的那一页上停留很长时间。他可能想从书的中间开始看，然后向前翻。要记住，甚至应该从头到尾读一本书也是大人的观点，所以，如果你的孩子就是想在某一页停留几分钟，这也很好。读书可以成为晚上睡前仪式的非常可爱的一部分。

当宝宝们在一起玩耍时

玛格达教给了我们小班（small group size）的重要性。在RIE，我们不会让一个班的宝宝超过6~7个，而且我们知道，大多数情况下，至少有一个宝宝会因为生病或者小睡而缺席。任何人数更多的班都可能对宝宝造成过度刺激，尤其是在他们还小的时候。在父母-婴幼儿指导课上，不是按照年龄来分组的，而是按照婴儿的活动能力，所以，我们不会有一个学步期的宝宝与那些还不会翻身成侧躺的宝宝在一个组。一开始，婴儿们会并排躺着，并且可能会带着好奇的兴趣互相看。他们可能会伸出一只手去摸另一个婴儿。当他们开始翻身和爬时，他们可能会有意识地靠近另一个婴儿去探索。在这种时候，很多好心的父母会把婴儿们分开，但是，在 RIE，我们相信只要有一个专心的大人在旁边提供帮助，并且在必要的时候介入，这些互动就会成为婴儿们有价值的学习机会。

要尽你的最大努力别插手，并且让宝宝们自由地互相探索；不要在他们身边转悠。只在出现安全问题时再介入。婴儿们对别的婴儿会很着迷，所以，对他们来说，接近另一个宝宝来了解他是怎么回事，是最自然不过的。小宝宝会通过触摸和嘴巴咬的方式探究事物，所以，当你的宝宝通过触摸和嘴巴与另一个宝宝互动时，你不要惊慌。如果两个宝宝都没有长牙，嘴巴就是一种安全的探索方式。如果一个或者两个宝宝都长了牙，而且一个宝宝就要用嘴巴去咬另一个宝宝了，你要过去，并且把你的手放到一个宝宝的嘴巴与另一个宝宝的面颊之间，来阻止两人接触。你可以说："我不会让你咬戴维。你可以咬这个东西。"而且，要给他两个玩的东西让他选择。

头发对婴儿很有吸引力，而一个可能还不会松开拳头的婴儿或许会使劲抓住另一个婴儿的头发——或者你的头发。如果发生这种情况，要轻轻地抚摸你的宝宝的手背，这可能会让他的手张开。如果这样不起作用，要轻轻地把他的手从另一个宝宝的头发上拿开。当你这样做时，你可以说："轻轻的。当你拽赛尔维的头发时，她会疼。"要轻轻地抚摸一个宝宝的头，然后再抚摸另一个宝宝的头。这样，两个宝宝就都能感觉到轻轻地抚摸是什么样的，而且将会开始了解这个词的意思。

如果你的小宝宝试图通过使劲拍或者戳来探究另一个宝宝，不要惊慌。这是小婴儿进行探究的一种很自然的方式，而且并不意味着你的孩子好斗或者不友好。

学步期的孩子可能会推人或打人。他们这样做可能是由于沮丧或愤怒，或者只是想看看对方会有什么反应。他们可能会因为累了、饿了或者受到了过度刺激而做出攻击行为，或者因为他们需要一个大人提供始终如一的限制，直到他们将这些限制内化，并且能够成功地控制自己的冲动。当安全受到威胁时，我们就需要干预，但是，知道什么时候以及如何干预可能是需要练习的。有时候，一个学步期的孩子会轻轻地推一下挡住他的路的孩子，推完就完事了；另一些时候，你会明显看到推的很用力，而这可能是更多攻击行为将要开始的一个信号。那么，这可能就是到这两个孩子身边，并且蹲到他们的高度的时候了。你平静地出现在那里，可能就足以防止事态恶化。除了说“我不希望你打达蒙”“我不会让你打达蒙”或者“如果你想打的话，这儿有一个枕头”，可能就不需要说别的了。如果其中一个或者两个孩子都继续试图打或者推对方，你可以把一只手放在他们中间，以便一个孩子无法打到或者推到另一个孩子。要让你的手温和但坚定——不是僵硬。像通常一样，重要的是要在干预之前看看孩子们自己能够解决什么，而且，在有必要干预时，要给当时的情形带来一种平和感。要尽你的最大努力明确而平静地设立限制，既不要评判，也不要惊慌。（下一章将详细介绍设立限制。）

随着时间的推移，就不需要与干预的本能做斗争了，因为你会开始觉得那样做是那么不自然并且没有帮助。看着孩子们如何解决他们自己的冲突要有趣得多。见证这个过程会带来巨大的精神报偿，因为这比简单地插手一个情形，并不容分辩地主持正义更让人兴奋。当我确实干预的时候，倾听并帮助他们解决冲突是很有意思的一件事。这实际上将你从不得不确定“什么是公

平”中解放了出来，并且使你能愉快地倾听孩子们有多么喜欢把事情做对。

——加辛托·埃尔南德斯（Jacinto Hernandez）

婴儿和学步期的孩子能从一起玩耍中学到什么

婴儿们能够从一起玩耍中得到很多乐趣。我曾经在一所儿童看护中心观察过一组的四个宝宝。这四个宝宝从很小的时候开始就在一起，而且在此期间一直是由同一个人照料的。当一个宝宝爬向一个矮木架时，我在那里观察。没过几分钟，另外三个宝宝也从房间的另一头爬了过来。两个宝宝坐了起来，相互靠在了一起，而另外两个宝宝就在他们身边挤在了一起。他们一个接一个地在房间四处爬，而且明显从一起玩耍中得到了快乐和安慰。

共情是理解另一个人的感受的能力，而且在亲社会行为[①]和道德行为中起着重要作用。婴儿是通过有机会与其他婴儿互动并发现自己能够影响别人，来开始了解共情的。年龄小的宝宝没有所有权的意识，所以，当一个婴儿从另一个婴儿的手里拿走一个玩的东西时，另一个婴儿可能会把它拿回来，或者会看看四周，找另一个玩的东西。最终，小婴儿会成长为一个学步期的孩子，当另一个孩子从他那里拿走一个东西时，他会抱怨或者哭。我们不会惩罚那个拿走别人东西的孩子，也不会要求他还回去或者与对方一起玩，相反，我们把这样的时刻看作是宝贵的学习机会。

① 亲社会行为（prosocial behavior），又称为利社会行为，是符合社会希望并对行为者本身没有明显好处，而行为者却自觉自愿给行为的受体带来利益的一类行为。亲社会行为一般可以分为利他行为和助人行为。——译者注

那个东西被抢走的孩子可以自由地表达自己的情感，并且可以选择追上去把玩具要回来，或者找别的东西来玩，或者下一次把东西抓牢。这样，拿走东西的那个孩子就能够观察并感受他的行为是如何影响另一个孩子的，而另一个孩子也能学到一些东西——那个东西当时对他有多么重要，以及为了保住它，他愿意忍受什么。两个孩子都能了解到协商和妥协。这些经验教训并不会很快就能学到，但是，当一个孩子最终学会等着轮到自己，或者把一个东西给另外一个孩子时，这将来自于他的共情和真诚，而不是被一个大人强迫做出的不真诚的行为。如果大人有必要“维持和平”，当大人不在场的时候会发生什么？学步期的孩子能够学会共情、耐心并且友好地对待彼此，但是，这个学习过程需要大人耐心并和善地承担起设立明确而一致的限制的责任。我们要为那些我们希望自己的孩子们培养的行为做出榜样。

当你观察婴儿和学步期的孩子一起玩耍时，你没有必要描述或者说任何事情，除非孩子看向你、让你看某个东西、来找你或者你因为安全原因而需要干预。“你把这个水桶装满了球。”“你把杯子摞在了一起。你好像为此很高兴！”“当你拿这块积木打伊森的头时，会伤到他。如果你想敲积木，你可以拿它敲地板或这个水桶。”“萨拉哼了一声。她不想让你推她。如果你想和萨拉在一起，你可以轻轻地摸摸她。”要示范亲切的和亲社会的行为，并且给你的孩子时间来内化这种行为。

利亚姆的领会能力和对其他孩子的行为做出反应的能力不断地给我留下深刻印象。我以前常常觉得，当其他孩子在利亚姆身边爬来爬去时，我需要保护他。反之，当利亚姆在其他孩子面前坚持自己的愿望时，我会变得很焦虑。在这两种情况下，我都为他独自处理情绪

起伏的能力感到惊讶。当另一个孩子拿走他的一个玩具时，他可能会伤心、沮丧或难过。他可能会长时间看着另一个孩子玩那个玩具；当其他孩子哭的时候，他能够共情；当他想做一件事情但受到别人的阻拦时，他会坚持。如果我没有接触过育养法，我不确定我能注意到这些事情。这教会了我要信任利亚姆自己想做的事情，而不是我认为他应该做的事情。他的直觉和成长对我来说是最重要的事情。

——迈克尔·卡西迪（Michael Cassidy）

玩耍为什么重要

玩耍时间是探索和自发活动的时间，而不是你的宝宝被你或者被一个带来过度刺激的玩具（想想电视）娱乐的时间。如果是这样的话，一个孩子可能很快就会失去内在的好奇心。

父母的责任是要提供一个在身体和认知方面具有挑战性的环境，以便那里的东西与宝宝的兴趣和能力协调一致。这会让宝宝自己去探索和发现这个世界，而不是需要一个成年人来教给他应该如何做。一定的挑战是一件好事。太多的挑战可能会让宝宝难以——如果不是不可能——以任何深入的方式沉浸在玩耍中。观察一个玩耍中的宝宝，并且看着他一个人执着地解决一个问题，是令人着迷的一件事情。

当我第一次见到艾米·皮克勒的时候，我被她的创新性的理论打动了，她的理论让我们能够在照料婴儿的过程中与他们成为尊重的伙伴。她的直观的哲理启发玛格达·格伯创立了 RIE，帮助父母们变得与他们的孩子更合拍。这反过来使得孩子们能够在社交、情感以及认知方面成功地向幼儿园过渡。RIE 一直是为培养孩子在一个以游戏为本的幼儿园不断进步的最好的开端机构之一。

——蒂莫西·克雷格（Timothy Craig）
儿童圈幼儿园创始人

当孩子们被给予时间和空间来不受打扰地玩耍时，他们就会培养出在上学的时候将给他们很大帮助的能力。在学校里取得学业成功的一些关键指标，就是对自己和他人的好奇心和信心，以及专注力、全神贯注、专心、与他人友好相处和寻求帮助的能力。当然，这些能力会随着孩子的成长以及经历的丰富而发展和扩展，但是，其基础是在刚出生的头两年里打下的。对于一个孩子来说，怀着一种好奇的精神、一种探索和了解这个世界是有趣的经历的感觉去上学，该是多么美妙啊。那么，玩耍就不是一种不重要的消遣。婴儿和学步期的孩子在玩耍时并不是在漫不经心地摆弄着玩具，他们是在学习如何学习。

第 7 章

了解限制

> 从根本上说，大多数父母都害怕管教他们的孩子，因为他们害怕权力之争。他们害怕会让孩子无法忍受，害怕他们会破坏孩子的自由意志和人格。这是一种错误的心态。
>
> ——玛格达·格伯《亲爱的父母》

孩子们是通过观察自己的父母来了解对他们的期望是什么，以及如何做人的。这可能感觉像是一份沉重的责任，但事实就是如此。如果我们希望自己的孩子善良并且有同情心，我们就需要善良并且有同情心。如果我们希望他们有耐心，我们自己就需要努力变得有耐心。如果我们脾气暴躁，我们的孩子很可能也是如此。你有多少次听到过一位父母冲一个孩子大喊："别喊了！"但是，如果我们的孩子依靠我们来了解什么是社会可接受的行为，我们怎么能指望他们的行为和我们的不一样呢？孩子就像是把我们最好和最坏的自我映射给我们的镜子。当我们看到我们想让自己的孩子改变的一种行为模式时，很可能有些事情是我们自己需要先做出改变的。我们的孩子可以是我们自我反省和学习的强大的动力。

我们的管教方式，在很大程度上是由我们自己如何被养大以及受到的文化影响决定的。它还受到我们的性格、人生经历以及对人性的信任的影响。有些人相信婴儿和小孩子就像需要被驯化的野生动物一样。他们想当然地认为嘈杂和纷争是与婴儿以及学步期的孩子一起生活的必要组成部分。他们甚至会为了孩子最微不足道的不听话而威胁、责骂、羞辱或者打自己的孩子。他们可能会用贿赂或者提供奖励的方式来换取自己期望的行为，而这是强迫的一种方式。用一种专制的方式来管教可能会立即得到想要的结果，但是，代价是什么呢？想象一个学步期的孩子狠狠地打了他的小弟弟，而后者开始大叫。妈妈大声嚷着让这个孩子回到他自己的房间去。如果他打弟弟是出于沮丧或者嫉妒，被送回他的房间很可能会强化这种情感。如果这位妈妈猛拉着这个学步期孩子的胳膊，一边打他的屁股，一边说“住手”呢？这位妈妈的暴力回应不仅无法帮助自己的学步期孩子学会友爱，反而只会强化把攻击作为一种恰当的行为方式。这位母亲的干预加剧了这个学步期孩子的情感混乱，而且没有给他提供任何机会来观察、领会并且感受他的行为如何影响了他的弟弟。这必然会对这个孩子的自我意识以及与母亲的关系产生负面影响。

话虽如此，对于任何一个父母来说，每一次都能镇静而平和地对不受欢迎的行为做出反应是不可能的。我们都有对自己的孩子失去耐心的时候。关系破裂是任何有活力的人际关系中很自然的一部分。重要的是破裂之后的修复。要确保和你的宝宝谈谈发生的事情。“你爬上沙发靠背的时候真的把我吓坏了。我冲你吼叫了。”“这把你吓了一跳，你哭得真的很厉害。对不起，我吓到你了。”如果你对你的学步期孩子发了脾气并且打了他，要跟他谈谈发生了什么。要承认你的错误并道歉。“当你把果汁洒在地板上的时候，我很生气。我打了你。对不起，那样做是不对的。”“打人不是一件好事，我会非常努力不再这么做。”要等一会儿，并给你的孩子时间来做出反应。如果你的学步期的孩子年龄较大并且会说话了，你可以问他：“当我打你的时候，让你有什么感受?”要给你的孩子机会表达他对所发生的事情的感受。像这样的互动和交谈将有助于弥补孩子的痛苦和愤怒，并恢复你们之间的良好感觉。

当亲子关系建立在相互尊重和信任的基础上时，婴儿和学步期的孩子就有可能毫无困难地接受限制。在那些必须设立限制并且孩子确实变得很生气的时候，孩子的愤怒会得到认可而且最终会过去。这并不是因为孩子已经学会了服从，而是因为限制已经以习以为常的方式明确而一致地设立了起来，而且孩子已经知道对他的期望是什么。一个学步期的宝宝正和他的妈妈一起上课，这时，他的爸爸到了，并挨着他的妻子坐下来，还给了她一个吻。这个孩子突然大哭起来，并且要求他的父亲离开妈妈到房间的另一边去。这位父亲平静但坚定地告诉他的儿子：“我知道你想让我坐到那边去，但是，我想坐在妈妈旁边。”我们都听见他的儿子大哭着抗议了几分钟，但是，然后他就没事了。他一只手拿起一只水桶，另一只手拿起了一个篮子，重新开始了玩耍。

不要控制你的宝宝或学步期的孩子，要做他的向导——让他知道你对他的期望是什么，要带着对他的看法的同情设立严格的行为界限，而且要相信，随着时间的流逝，他将会知道对他的期望是什么。当你相信你的孩子的善良天性并且明白自律需要练习时，你就会愿意在一天内多次设立同样的限制，如果需要的话，连续设立很多天，直到你的孩子开始拥有自我控制的能力来控制冲动。不要因为你不赞成的行为而惩罚他，而要平静地让他知道你的期待是什么。以一种积极的方式、用一种能反映你相信他会合作的语气说出你的希望，有助于避免事情发展成一场权力之争。不要用一种惩罚、羞辱或者专制的语气说：“把凳子放下！”而要简单地说：“凳子应该放在地上。”不要说：“你知道你不能爬到台子上去。”而要通过说诸如“我不会让你爬上这里，但是你可以爬楼梯”这样的话，来提供一种更有建设性的替代选择。要提醒你自己，所有的好习惯都需要时间来养成，而且有时还需要强化。当我们在愤怒之中向孩子喊叫时，就会造成伤害和侮辱，以及父母与孩子之间的不和。大声喊叫“我得告诉你多少次玩完卡车后要把它收起来”会造成伤害和羞辱。我们可能会宽慰地发现，通过陈述事实——“我看到台阶上有一辆卡车”——我们就能得到我们想要的结果，而且不会破坏良好的感觉。你的学步期的孩子也可能愿意对你的简单话语做出合作的回应，而不是因为受到羞辱、欺负或者恐吓而服从你的要求。

当父母们设立一个限制而他们的学步期孩子做出烦恼或生气的反应时，他们有时就会认为自己没能以“正确”的方式设立限制，或者没有说出能促使他们的孩子毫无困难地遵守的“有魔法的词”。这是一种不现实的期望。总会有你设立一个限制而你的孩子变得很烦恼的时候。要坚持并且保持冷静。总会有你设立一个限制却被彻底无视的时候。这两种情况出现在一个正运用自己的力量并试探各种界限的成长中的学步期孩子身上是预料之中的，所以，不要将其当作是不良行为。话虽如此，但设立一个限制并且将其坚持到底，而不是给你的孩子很多选项来遵从，是非常重要的。否则，孩子就会知道我们并不是真的说话算数，而且当我们让事情拖得太久时，我们可能会发现自己感到生气，并且准备爆发。更可取的做法是把一个限制说一遍，给孩子时间去遵从，然后，在我们失去耐心之前要将其坚持到底。正如 RIE 导师珍妮特·兰斯伯里（Janet Lansbury）所说："孩子可能会以大声抗议来回应，或者甚至大发脾气，但是，他在心里也会大松一口气……照顾好你自己和你的孩子——在这种情形中优先考虑你们的关系——是非常好的养育的基本原则，并且是让人感到极其自豪的事情。孩子们不想自己被认为烦人、让人沮丧或者讨人厌，而且他们不应该受到我们的憎恨。但是，只有我们才能设置必要的限制（而且要足够早）来防止这些情感突然出现并毒害我们与孩子的关系。"

设立限制为什么重要

时时刻刻都开心和满足是不可能的，然而，许多父母相信他们应该不惜任何代价来避免他们的婴儿和学步期的孩子失望或者不开心。这些父母说"不"会觉得不舒服，而且无法忍受他们孩子真正或者潜在的不开心。当他们的宝宝哭的时候，他们会难过，并且会想尽一切办法来满足孩子的愿望，以避免孩子失望、哭或者大发脾气。这会给孩子造成一种不现实的期待，而且，当他以后发现这个世界不会满足他的每一次突发奇想时，他就会困惑并失望。那些被娇纵的、为所欲为的孩子很少会快乐，他们常常抱怨，而且很难相处。他们已经学会了相信这个世界在围绕着他们转，而且他们只需抱怨、大喊大叫或者使劲跺脚就能得到他们想要的。他们的父母没有给他们机会去发现并应对人生会包括挣扎、失望和妥协这个现实。

当以一种直接、尊重并且富有同情心的方式为你的孩子设立限制时，你不是在惩罚他。正如玛格达所说："缺乏管教并不是仁慈……而是忽视。"要在认可你的孩子的想法的同时让他知道那些不可逾越的界限。没有父母设立的严格的界限，一个失控的学步期孩子可能会觉得他是家里最强大的人，而这对他来说是很可怕的。当限制很少时，或者当父母一再向一个学步期的孩子让步时，他就会步步进逼，或许是在潜意识中想让大人开始行动并负起责任。设立严格而一致的限制，会帮助孩子形成安全感。这会帮助一个孩子了解对他的期望是什么，并且将限制内化，从而形成社会可接受的习惯和恰当的行为，这会为孩子提供一个安全框架，让他能在里面自由地做他自己。

不要等到你的孩子会走路时才开始设立限制，而要从他还是个小婴儿的时候就开始。当他爬上你的腿并且试图从你的脸上把眼镜拽下来时，可能看上去很好玩而且很可爱，但是，眼镜不是玩的东西，所以，为什么不设立一个不能碰眼镜的明确限制呢？在把你的手放在你的宝宝的手和你的脸之间的同时，说"我不想让你碰我的眼镜"，会发出一个明确的信息。当然，你不能不戴眼镜，但是，你可以选择不戴那些会吸引你的宝宝想一探究竟的珠宝。让我们假设你的宝宝对你的项链很好奇。摸摸没有关系，但是，当他开始拽的时候怎么办？你可以用手遮住项链，让他摸不到，并且和善地说："我不想让你拽我的项链。"当然，你可能不得不重复这些限制很多次。自律不是立即就能实现的；它是随着时间的推移而形成的。

即使对于那些难以设立限制的父母来说，当孩子处于危险中时，他们也能很容易做到。如果你的学步期孩子挣脱了你的手，并且开始向街上跑去，你会追上去，并且以毫不含糊的话语给他设立一个限制。玛格达将这种情况称为"红灯情形"。你不会停下来思考或者考虑如何反应。你会本能地做任何必要的事情来保护你的孩子的安全，而且你会马上就做。但是，在另外一些情况不是很明确的时候该怎么办？黄灯情形就更加模棱两可，而且有商量的余地。这种情况出现在你和你的孩子想要的是两种不同的东西的时候。你的宝宝正在他的安全玩耍区安静地玩耍，而你就坐在他的旁边。你突然饿了，并且想去厨房做点吃的。你靠近宝宝，蹲到他的高度，并告诉他你要去厨房而且几分钟后就回来。但是，当你站起身来离开房间的时候，他开始号啕大哭。这时，你怎样办？是留下来陪他，还是去厨房随便抓点东西吃？是向你的宝宝的意愿让步，还是做你想做的事情？在这种时候，很多父母会感觉很矛盾，而且不确定接下来该怎么办。你可能感觉自己犹疑不决，而且在想："好吧，我猜我可以等到他小睡的时候再吃东西。"但是，当我们一再向宝宝的每一次苦恼屈服并且忽视自己的需要时，我们可能会变得愤怒而怨恨。在我们达到这种状况之前，照顾好我们自己是至关重要的。

为形成一种以互相尊重和体谅为基础的关系，倾听你当时想要什么或者需要为自己做什么是很重要的；当你这样做的时候，你就是在实践并且做出自我尊重的榜样。当你向你的宝宝表达出你的真实、诚实的感受时，他会知道你也有需要。所以，当你确实想去吃点东西的时候，你应该怎样对大哭的宝宝做出回应呢？通过认可他的想法。"我知道你想让我待在这儿，但是，我需要去吃点东西。我几分钟后就会回来。"然后，要慢慢地走出房间。有时候，你可能会混淆你的宝宝的需要和他当时的欲望或愿望，尤其是当他的抗议拨动了你的心弦的时候。当然，你会永远给你的宝宝提供他需要的，但是，重要的是要让他知道，他不能总是在他想要的时候就得到他想要的东西。学会耐心，是很重要的一课。而且，重要的是，通过让你的宝宝一个人待在他的安全区域，他就能学会一个人安静地待一会儿。

当我们向每一次哭闹屈服时，我们就剥夺了孩子自我发现的过程以及学习自立的机会。为了愉快地照顾你的宝宝并且把他照顾好，你必须确保照顾好你自己的需要。正如玛格达所说：“与我们自己的内在节奏合拍——知道你的需要是什么，并且把它传达给你的家人，以便他们也学会尊重你的需要——是很有帮助的。持续地为了孩子的需要而牺牲你自己的需要，会在你和孩子的心里都造成愤怒。”

当一天之中有大量的绿灯时间时，你的宝宝就能更容易地接受那些黄灯时间的失望。绿灯就是你给你的孩子提供了几个选项供其选择，而且你开心并乐意做其中任何一件事。“你是想去公园玩还是在后院里玩?”

为了让你的孩子能愉快而且平静地在你的家里或者你们所在的更大的社区中生活，他必须了解社会可接受的行为。随着时间的流逝，他将学会如何与别人沟通，并且尊重地坚持自己的看法。他将能够与他人共情，并且开始了解妥协和协商的艺术。孩子并非生来就知道什么是可接受的，以及什么是不可接受的，而且学习的过程可能会出现很多麻烦并充满各种复杂的情感。重要的是要对你的宝宝的每个发展阶段抱有切合实际的期望。告诉一个 10 个月大的宝宝不要把一个东西放到嘴里是愚蠢的，同样愚蠢的是当一个学步期的宝宝喜欢到处走到处跑着去探索世界时，期待他安静地坐在一个地方。当你理解并信任一个宝宝的自然成长时，你就会有恰当的期望，并且对你的孩子做出相应的回应。

什么时候等待，什么时候干预

婴儿和学步期的孩子，是通过有机会在一个专心的成年人于身边提供情感支持并保证人身安全的情况下，与其他熟悉的婴儿和学步期的孩子互动，来学习如何彼此和平相处的。当父母带着他们的婴儿以及学步期的孩子来上课时，班级规模小是很重要的——理想情况下，对于年龄小的婴儿来说，不要超过4~5个，对于学步期的孩子来说，不要超过6~7个。当班级规模更大时，可能会过度刺激孩子。同样重要的是，同一班的孩子应该是可预测的，也就是说每次都是同样的、固定的一群婴儿和学步期的孩子。每次上课的孩子都不同的15~20个孩子的大课堂，对于喜欢熟悉的环境、熟悉的人和惯例的婴儿和学步期的孩子来说不是理想的情形。

当婴儿以及学步期的孩子在一起相处时，他们的互动有时会很笨拙而且情绪化；这都是学习过程的一部分。当一个婴儿的东西被另一个婴儿拿走时，他不会生气。他可能马上把那个东西拿回来，而且这种你争我夺可能会持续一会儿。或者，这个婴儿可能会去找另一个东西玩。对于年龄小的婴儿来说，生气的情形可能会出现在另一个婴儿粗暴地接触他，并且吓到他或者伤到他的时候。然而，学步期孩子之间的冲突很多时候都发生在两个孩子都想要同一个玩的东西的时候。

当我们迅速过去干预并且试图解决所有矛盾时，我们是在给孩子帮倒忙。冲突和争斗是有益的。婴儿和学步期的孩子是通过冲突来了解他们自己并相互了解的。他们会发现自己的行为如何影响另一个孩子——造成他愉快、不安或者焦虑。你的学步期的孩子可能会从另一个孩子手里夺走一个东西，导致这个孩子大哭一场。他可能会静静地站在那儿，好奇地观察那个大哭的孩子，而且，正当事态平息下来时，让你惊恐的事情发生了——他可能会转过身从另一个孩子那里抢走了一个玩的东西。或许，体验他对另一个孩子的力量感让他很兴奋。或者，他可能是在像一个科学家那样，试图理解情感方面的因果关系，并且找出发生的这些事情是怎么回事。

正如你不会冲过去解救一个失去平衡的婴儿一样，要克制住自己，不要冲过去调解两个学步期孩子之间的冲突。要相信你的学步期的孩子能够找到自己解决问题的办法，而不要扮演裁判、谈判代表或解决问题的人。你做首席谈判代表，会妨碍孩子自己学习这些重要技能的能力。当两个学步期的孩子出现冲突时，要密切关注，并尽最大努力等待一下，看看他们自己会怎样处理，并要做好在需要干预时介入的准备。正如玛格达所说："要尽可能等的时间长一些，然后再等一会儿。"这说起来容易做起来难，因为观察正在发生冲突的学步期的孩子会唤起我们自己的恐惧、焦虑以及无助感。知道什么时候干预是一门艺术——而不是一门精准的科学——而且，有时候你会比别人做得更好。

在可能的情况下，要让学步期的孩子自己解决小冲突。如果有必要干预的话，不要冲上去解决问题，而要从密切关注开始。只是知道你正在密切关注，就有可能给孩子们提供足够的情感支持，使他们自己解决冲突。如果你从房间里走过，并且发生了一场布娃娃争夺战，你要给孩子们关注。如果他们的精力都集中在彼此和布娃娃上，而且你不担心他们的安全，你要站在原地并继续观察。如果他们的争夺升级，并且其中一个或者两个孩子都看向你，他们就是在让你知道他们需要更多的支持。在这种情况下，要走到他们的身边去，并在地板上蹲下或者坐下来，与两个孩子处于同样的高度。要尽你的最大努力，不要做任何评判，也不要发怒。要注意你的呼吸和面部表情。当一个大人什么也不做而只是靠近孩子时，冲突往往就能消散，所以，你平静地出现在那里可能就会帮助两个孩子平静下来。如果他们没有平静下来，并且其中一个或两个孩子都看向你，你要描述看到的事情，只需用几个词："你们两个都想要这个布娃娃。你们都在拽着它。"要等一会儿，再等一会儿。如果冲突升级，而且一个孩子试图打或者咬另一个孩子，要通过将你的手放在两个孩子之间来阻止他打到或咬到另一个孩子来进行干预。诸如“我不会让你打人”以及“我不会让你咬人”之类的回应，要好过那些不那么直接的回应，比如“手不是用来打人的”或者“我们不咬人”。要努力放弃冲突应该在多长时间内解决的想法。到结束的时候，它就会结束。

在一次课堂上，我曾经观察过一场由一个沙滩球引起的持续了 15 分钟的拉锯战。两个 20 个月大的学步期孩子反复争夺那个球，有时候，摔倒了会爬起来继续争。他们又哭又叫，直到其中一个孩子松开了球，走到一边去，并捡起另一个东西。他没事了。在这 15 分钟结束之前很久，我就想：“这持续的时间已经足够了。”我已经准备好了结束这场冲突，但是，这两个学步期的孩子还没有。我有什么资格去判断多久算太久呢？冲突会继续下去，直到其中的一方决定改变方向、妥协或者因为那个东西对他们不再重要而放弃。

拉、拽和抢东西，是学步期孩子的自然行为。然而，如果这种行为变成习惯性的，你就需要干预。习惯性是什么意思呢？在课堂上，我曾经有一个这样的学步期的孩子，她一进门，就开始从一个孩子走向另一个孩子，从每个孩子的手中抢走东西，并且观察他们的反应。显然，她对那些东西不感兴趣，而是对这种力量感以及她的行为引起的反应感到兴奋。她的妈妈说这种行为始于两个星期前，而且在每次玩伴聚会或者去游戏场玩耍时都会出现。如果出现了这种持续性的行为，要如影随形地跟着你的学步期的孩子，并且在需要时介入，来帮助他控制自己抢东西的冲动。当他开始把手伸向另一个孩子的东西时，要把你的手放在他面前，并且说：“我不会让你拿走乔治娅的小桶。她正拿着呢。”这会保护另一个孩子，并且会让你的孩子知道他可以放轻松，因为你在他身边帮助他在出现抢东西的冲动时进行控制。有了你专注的支持，这种行为最终就会消失。

对一个正在做出攻击行为的孩子保持平静，可能是很有挑战性的，因为这会激起我们自己的情绪。如果你感觉你的怒气在上升，要诚实。“我真的很沮丧。你一直在抢昆廷的玩具，他很难过。”在这种情形中，对我们来说，重要的是示范一种更亲切、更温柔的与他人打交道的方式。一个习惯于攻击的孩子需要看到、感受到并且听到什么是亲切而温柔地对待其他人和他自己。要让这个孩子一次又一次地沐浴在温柔中。

在设立限制时，要避免使用“我们”，这个词不直接而且可能让人困扰。如果你的学步期的孩子刚狠狠地打了另一个孩子，而你说：“我们不打人！”他可能马上会想：“你是什么意思？我刚刚打了她！”用第一人称说话更直接，并且会让你的孩子知道你的限制是什么，以及你对他的行为有什么感受。这还能示范如何直接表达自己。“我不希望你打萨沙”或“我不会让你打萨沙”，要比“我们不打人”直接得多，而且语气完全不同。这也与“你为什么一直打萨沙”很不一样，后者包含了一种负面的评判，而且问了一个你的孩子可能无法回答的问题。

揪头发

或许你的宝宝抓了一把你的头发并且正在使劲拽。在你轻轻地掰开他的手指时，要说：“我不希望你揪我的头发。那很疼。”在你设立这个限制时，不要用微笑或者好玩的语气来柔化你所说的话，因为这会传递一种矛盾而让孩子困惑的信息。任何年龄的孩子都能通过你脸上的表情和说话的语气来理解你说的话是不是认真的。

如果你的宝宝爬向另一个宝宝，并且揪她的头发，而你当时没有坐在地板上，要蹲下来并靠近两个宝宝。要轻轻地抚摸你的宝宝的手背让他松手，或者轻轻地掰开他的手指。要轻轻地抚摸两个宝宝的头，并要说："轻轻的。"在这样做的时候，要描述这个场景。"轻轻的，哈维尔。莉娜不喜欢你揪她的头发。""轻轻的。你生气了，莉娜。那很疼。"对于那些抓握反射刚刚消失的婴儿以及那些精细运动能力还未成熟的婴儿来说，学会轻轻地摸是需要时间和练习的。当你进行描述的时候，要温柔地抚摸每个宝宝的头，以便他们两个都能感觉到被轻轻地抚摸是什么样子。正如玛格达所说："我们要安慰两个孩子。当我们只安慰受害者时，受害的孩子就会因为是受害者而得到奖励，而做出攻击行为的孩子也没有机会了解什么是温柔。"

如果你很生气并且很沮丧，而有个人对此的回应是要求你温柔，你会有什么感受？你可能会感觉在情绪上很不协调，就好像这个人对你的愤怒的回应是用一根羽毛给你挠痒痒一样。我们大多数人都希望感觉到看到我们生气的人能够真正地倾听我们，并且将我们的情感状态准确地映射给我们。当一个大一点的婴儿或学步期的孩子做出攻击行为时，说"轻轻的"并且轻轻地抚摸他就不够了。如果一个学步期的孩子踢了另一个孩子，而我们只是轻轻地摸摸他并说"轻轻的"，他这时已经有力量推开我们的手，并再踢另一个孩子。即使一个学步期的孩子还不会说很多话，但是，他的理解能力已经比他还是小宝宝的时候强多了，因此，我们可以用更多的语言说出当时的情形。"我把我的手放在这儿。我不会让你踢塔米克。你看上去很生气。如果你想踢，你可以踢一个球或者垫子。"设立的限制和我们说的话，要随着宝宝的成长和发育而变化。

咬　人

很少有哪种行为能像咬人那样引起父母那么多的担忧。但是，对一些婴儿和学步期的孩子来说，咬人是一种原始的冲动，并且是一种本能的行为。你的正在吃奶的宝宝可能会突然咬住你的乳头。要让他知道这弄疼你了——“哎呀!”——并且不要再让他吃奶。有些婴儿会在长牙、饥饿、疲倦或受到过度刺激时咬人。他们可能会因为这样感觉很好，或者为了引起你的注意（确实会引起你的注意!）而咬人。如果你经常轻咬你的宝宝的脚趾，他可能会认为咬是可以接受的，而且不理解轻咬和使劲咬的区别。婴儿可能会为了试验而咬人，并且看看对方会有什么反应。如果是这种情况，你可以说：“那会弄疼杰西。我不会让你咬她。如果你想咬，你可以咬这些东西。”（要提供两个玩的东西让他选择。）学步期的孩子可能会在没有足够的词汇表达自己时咬人。咬另一个孩子的胳膊相当清楚地传达了“我生气了”。你可以这样说：“你生气了。你可以咬这些圆环或者打这个垫子。”像通常一样，对咬人的孩子和被咬的孩子都做出回应是很重要的。一句承认孩子被咬了的共情而不带怜悯的话语，可能就够了。“杰登咬了你。这很疼。”

你也许可以通过设法理解是什么引发了咬人来阻止孩子咬人。要从问问你自己你的宝宝的基本需要是否得到了满足开始。他是饿了还是累了？他受到过度刺激了吗？他在长牙吗？有时候，原因会很清楚，而有时候你就是不知道为什么。如果你的婴儿或学步期的孩子和其他孩子在一起，要通过密切关注并且待在你的孩子身边来确保别的孩子的安全，来防止他再咬人。如果他靠近另一个孩子并且张开了嘴，要把你的手放在他的嘴和另一个孩子之间，防止他咬到人。你可以说：“我不会让你咬人。”如果这个孩子特别激动，你可能会注意到说任何话都只会加剧其情绪。如果你的学步期的孩子控制不住地咬人，紧紧地抱住他可能会帮助他平静下来，而如果他和其他孩子在一起，可能就有必要带他离开。要尽你的最大努力给你的孩子带来一种平和感。有些时候，你可能做了能做的一切事情来阻止他咬人，但还是咬了别人。在这种情况下，要原谅这个孩子，并原谅你自己。

打人和推人

有时候，你的学步期的孩子打人或者推人只是为了试验并且看看另一个孩子会有什么反应。在出现这种情况时，要观察一下，看看被推或被打的孩子会有什么反应。或许他并不将这件事放在心上，这件事就过去了。如果你的学步期的孩子继续这样，你就需要走到他的身边，以确保安全。要描述你看到了什么，设立一个限制，并提供一个合适的替代选择。“你不可以打哈莉。如果你想打，你可以打那边的沙发或者枕头。”你的学步期的孩子肯定知道一个活生生的人和一个无生命的物品之间的区别，所以，要允许他用他玩的东西将他的感受表现出来。有些时候，你也许能够确定是什么引发了你的学步期的孩子推人或打人。或许，一个学步期的孩子正在一个滑坡上，而你的孩子正在等着爬上去。如果这个占着滑坡的孩子没有快点走开，而你的孩子还不会说“你能快一点吗？我也想爬上去”，迅速地一推能相当简洁地将其表达出来。不要只是说“我不希望你推人”，而要将你观察到的情况包含在你的回应中。“看起来你也想爬到上面去，威尔。但是，推卡洛琳是不安全的。”“卡洛琳，威尔正等着爬到那上面去。”如果卡洛琳继续待在那里，而威尔变得越来越沮丧，要给他再多描述一些：“看起来卡洛琳还没有准备好从那上面下来。等待很不容易。”对卡洛琳，你可以说：“威尔正在看着你呢，不是吗？他也想爬到上面去。”如果卡洛琳还是不肯从那上面下来，并且威尔更加沮丧，你可以建议一个替代选择，或者看看威尔能否自己发现一个。“卡洛琳还在上面。你可以等到她下来，或者找别的东西去爬。”

哼　唧

学步期的孩子哼唧并不是为了把你逼疯；他们哼唧是为了表达一种他们当时还无法用其他方式确定或说出来的需要。哼唧是为了引起你的注意。对你来说，挑战在于保持冷静，以便你能够努力理解你的孩子为什么哼唧。或许一个朋友来了，而且你们两个正一起坐在沙发上聊得不亦乐乎。你的学步期的孩子出现了，并且开始哼唧。求助于常见的“别再哼唧了”，从来不管用。相反，关注一下你的孩子，并说“我听到了。我正在和黛安娜说话呢，当我说完了，我就去陪你”，可能就是孩子需要的全部。当然，重要的是要对你的孩子为了得到你的全身心的关注能够等多久有一个合理的期待。尽管没有必要马上停止你和朋友的聊天，但是，指望一个学步期的孩子能够等你们聊一个小时也是不现实的。如果刚好是在晚饭之前，而且你的学步期的孩子开始哼唧，那么，饿就是明显的原因。当你的孩子哼唧时，只要停下你正在做的事情，并且陪着他在地板上坐几分钟，就能够帮助他停止哼唧，因为他知道他已经被看见并听见了。

标签是有局限的

标签是有局限的、不准确的，而且通常是负面的。尽管它们是为了描述一个孩子的不受欢迎的行为，但它们通常被用来从整体上描述孩子是一个什么样的人。“他是个小丑。”“她害羞。”“他是个小霸王。”这些话把孩子复杂的自我过度简化了，并且会造成他们相信自己所听到的。标签没有考虑到孩子的疲倦、饥饿、过度刺激以及与别人交往中造成的情感的过度负担。不要说“诺亚，你是个爱抱怨的人”，而要考虑他为什么会那么做，并把你看到的描述出来。“诺亚，你在跺脚并且在大叫。我想知道你为什么心烦。”因为你无法确切地知道他的感受，用“心烦”这种不明确的词要比用“发疯”或“生气”更有余地。只描述你看到了什么，将有助于防止你想当然地做出假设，使你免于将自己的问题投射到你的孩子身上，而且会帮助你准确地对你的孩子的行为做出回应。

让我们假设你们去一个朋友家做客，你的学步期的孩子像胶水一样黏在你身边，不想去玩玩具。你可能会感觉很尴尬，并且会说“拉斐尔害羞”，以此来解释你儿子的行为并且减轻你的尴尬。其实，如果你感觉有些紧张，或许你可以通过跟你的孩子说话来缓解紧张。“拉斐尔，你已经有一段时间没来亨利家了。”

我曾经观察过一堂课，一位妈妈抱着她的宝宝走了进来，并宣称“他是个小霸王”。这个宝宝甚至还不会走呢，而她就做出了这种宣告。她似乎是在提醒这个小组的人：“当心！他来了！”或许，这是这个妈妈告诉我们她不知道如何处理她的孩子的攻击行为并且需要我们帮助的一种方式。我想知道这会给她那个肯定能理解她的语气和表情——即便不理解她说的话——的孩子传递了什么信息。

后果与惩罚

有些时候，你可能已经多次设立一个限制，而你的孩子却一次次地违反。他这样做可能是为了好玩儿，或是想激怒你。另一些时候，他可能会不理睬你设立的限制。这时，你可能想或者需要运用自然后果，这与惩罚是不一样的。后果，是你的孩子的行为造成的结果。惩罚，是对做错事的处罚。要帮助你的婴儿或者学步期的孩子了解原因和结果，或者他的行为会造成什么结果。这是很不一样的。你的宝宝拽着门站了起来，并把他的塑料钥匙扔到了门的另一边。他咕哝着让你帮他把钥匙捡回来。你可能帮他捡了一次，而他可能再次把钥匙扔到门外。你可以和善地说："看起来你想把钥匙扔到门外，但是，我不想再给你捡了。如果你再扔一次，你就不能玩钥匙了。"如果你们是在游戏场，而且你的学步期的孩子在你告诉他扔沙子不安全后，继续朝其他孩子扔沙子，你要给出一个后果。你要就事论事但不要用惩罚性的语气。"你很难不扔沙子。这会伤到其他孩子。我们现在要回家，我们可以明天再来这里。"或许你很喜欢在游戏场和其他父母在一起。为了把一个后果坚持到底而放弃你自己的日程安排可能有些难，但是，当你这样做时，你就是在帮助你的孩子培养自律迈出重要的一步。你可能有好几天都不得不早早离开游戏场，但是，要相信你的孩子将会了解这个限制。当父母们反复设立限制而不坚持到底时，他们的孩子就会明白自己可以继续不理睬限制，因为它们不会得到执行。

暂 停

当学步期的孩子情绪失衡并失去控制时，许多成年人会“让他们去做暂停”。正当这些孩子需要一个充满深情的成年人帮助他们调整时，他们被赶到墙角的一把椅子上或他们的房间里，一个人待着。“回你的房间，直到你平静下来”是一个常见的指令。这是一种毫无意义的惩罚。因为一个孩子失去控制而惩罚他，不会帮助他自我调节。如果他在椅子上或者自己的房间里待了足够长的时间，他也许会平静下来，但是，他也可能会感到羞辱、伤心、内疚、怨恨、愤怒，或所有这些情绪。惩罚不是一种尊重的关系的组成部分。相反，一个情绪失衡的孩子需要你的关注和充满深情的好意。如果你的孩子在尖叫，而且你的忍耐快要超出极限，把他留在他的安全区域，而你自己走开是完全可以的。要诚实地告诉他：“你的叫声实在太大了，我快要发怒了。我不想冲你喊，所以我要去我的屋里平静下来。我几分钟后就回来。”玛格达说：“很多父母相信使用暂停的方法。当我听到这种说法时，我总是奇怪：从什么事情中暂停？生活吗？‘留在’生活中并且搞清楚下次如何做得更好不是更好吗？”

分 享

一个学步期的孩子在玩一只小水桶，而另一个孩子拽住小桶，试图从他手里夺过来自己玩。这时，很多成年人会让他们“友好地分享”。分享，是学步期的孩子因为太小还无法理解的一个概念。词典里对分享的定义是“让某人使用某物”。但是，如果一个孩子正开心地玩着一个东西，要求他分享从本质上来说就是让他放弃它。为什么他玩一个东西直到玩好的愿望就不如另一个孩子想玩这个东西的愿望重要呢？在你的孩子成长到为分享做好准备之前，他必须先有一个拥有一个东西、抓住它并且在准备好的时候才放手的经历。

为了让分享来自于一种真诚而且真心实意的感觉，一个孩子需要形成共情——理解另一个人的想法的能力。当一个孩子有机会在一位专心的大人的支持下与其他孩子互动时，就会产生共情。随着时间的流逝，一个孩子会看到他的行为如何影响另一个孩子，而且会更好地理解另一个孩子的想法。要相信你的学步期的孩子能形成共情，并且要相信当他准备好的时候，他就会轮流或者分享。大多数孩子在 3 岁之前都没有为分享做好准备，而且即使到了 3 岁，也可能很困难。

同时，如果一个朋友要带孩子来你的家里玩，要提前和你的学步期的孩子谈一谈，并且要问他是否有任何特别的玩的东西想在他的朋友来之前收起来。分享我们最宝贵的东西是特别困难的，如果不是不可能的话，所以，不要期待你的学步期的孩子会轻易允许另一个孩子玩他玩的东西。

有魔法的词

父母们通常想教他们的孩子有礼貌。与所有的行为一样，孩子们学到的就是他们看到的。如果你说“请”和“谢谢”，当你的孩子准备好的时候，他将学会这些社交技能。要给他时间，让他发自内心地说这些话，而不是在他还没有准备好之前强迫他说。在社交情景中，当你的孩子设法完成了一个社交挑战时，一个微笑、一次温柔的抚摸以及一句谢谢，就是你的孩子需要的全部。“谢谢你这么耐心，约瑟夫。”“你给了莱拉一个布娃娃，她看上去很高兴。谢谢你，尼古拉斯。”

随着你的孩子从学步期的成长和发育，你会发现，你们以信任和互相尊重为基础建立的关系对你们大有益处。虽然你的十几岁的孩子可能有更多力量和精力拒绝接受你的限制，但是，育养法将给你一些工具，让你能以尊重他的想法的方式倾听并做出回应。你会看到这种相互尊重的相处方式会多么持久，并且适用于人生中的所有关系。

第 8 章

学步期的孩子

> 有趣的是，和一个学步期的孩子在一起生活可以具有疗愈作用。人类的所有焦虑——感觉良好和感觉糟糕、感觉被爱和感觉被抛弃——都会达到顶峰。它就像是作为一个家庭的旅程中的一个仪式。
>
> ——玛格达·格伯《亲爱的父母》

当孩子迈出第一步时，学步期这个神奇的世界就开始了。与这个年龄的孩子在一起的乐趣之一，就是他们在甚至最小的事情中找到的纯粹的活力和热情。当一个学步期的孩子看着一只蜗牛慢吞吞地爬过车道时，他可能会被迷住。当他听到垃圾车到来时，他可能会极为高兴，而当他无法得到他想要的东西时，他会非常生气。

学步期是一段高度情绪化并且充满内心挣扎的时期。那个不久之前还依赖你满足其每一个需要的婴儿，现在能出去冒险，并且从你身边走开了。随着一个学步期的孩子令人兴奋的独立意识而来的，是一种新的认识——他与你是分开的。这可能会给一个孩子造成混乱和焦虑。当你的学步期的孩子运用他越来越强的自主意识时，他会经历一番“推拉”——想待在你身边，又想把你推开，以便探索这个世界并且维护自己的独立。他可能会同时与这两种完全对立的欲望做斗争。尽管你的学步期的孩子现在能够从你身边走开甚至跑开了，但是，不要把他对探索的渴望误认为是他不再那么需要你的一个信号。知道你就在那里等着他回来，他才有可能开心地去冒险。有些学步期的孩子会毫不迟疑地从他们的父母身边跑开，去探索一个新环境，而另一些孩子就算会离开父母，在离开前也要在父母身边待很长时间。要接受你的学步期的孩子的选择，无论那可能是什么。要让他选择是否想参加一个活动以及什么时候参加，而且，如果他不感兴趣或者还没有准备好，就不要哄劝他参加。你的孩子的性格在很大程度上决定着他对陌生人和陌生情形的反应。

你的那个令人愉快并脾气随和的宝宝已经被一个观点出奇强硬的反对者取代了。他可能要求妈妈给他换尿布。他可能命令你坐这张椅子而不是另一张。他可能像我的儿子那样，命令你停止唱歌。要抗拒给这种行为贴上“霸道”或“专横”的标签的诱惑，并且要认识到这一阶段是会过去的。要尽量从中发现幽默的地方，并且就事论事地对你的学步期孩子做出回应。作为爸爸，你可以对你的学步期孩子说：“我知道你想让妈妈给你换尿布，但是，妈妈正准备去上班，所以，这一次我来给你换尿布。”“我知道你想让我坐那张椅子，但是，我现在想坐的是这一张。”“你不想让我唱歌——但是我想唱歌!”

对于你的学步期的孩子来说，想看看自己在哪些事情上能发布命令是很自然的，而你的责任是给他提供一些明确并且一致的限制，就像你在他还在爬的时候做的那样。他可能会发现有的限制很容易遵守，但另一个限制特别难遵守。在这种情况下，你可能需要将那个限制重复并坚持执行好几个星期甚至几个月，直到他能够成功地将其内化。

我的一个班里曾经有一个 20 个月大的男孩，他有一段时间会打任何一个离他 30 厘米以内的孩子。我像影子一样跟着他，在需要时随时干预。八个星期之后，我发现自己第一次离开他到了房间的另一头，因为我需要处理另外两个孩子之间的冲突。我看到另一个孩子走到了他身边。他举起了手要打她，但是，这时，他扭头找我。我们似乎对视了很久，但可能不超过 15 秒，然后，他把手放下了。在那一刻，我知道他终于将我一直给他设立的限制内化了。打人再也不是一个问题，他现在是一个很有礼貌的四年级学生了。

提供选择

你如何让一个学步期的孩子合作呢？提供选择肯定会有帮助。当到了换尿布的时间，但你的学步期的孩子想继续玩耍时，你可以说："你是想自己去尿布台，还是让我把你抱过去？"在一天里可以提供几个恰到好处的选择，但是，尽量不要用太多的选择让你的学步期的孩子不知所措。"你喜欢穿红色的衬衫还是绿色的？""你想要苹果还是香蕉？""黄色的杯子还是蓝色的？""该离开操场了。我们是走到车那里，还是像兔子一样跳过去？"提供选择会给孩子参与做决定的过程的机会，并且会增加合作的可能性。没有人喜欢被命令，学步期的孩子也是这样。提供选择要比专横地告诉一个孩子去做什么事更加尊重。提供选择能帮助一个学步期的孩子维护其尊严，并且可以减少发脾气的可能性。一点幽默和玩笑会有助于鼓励合作并避免可能出现的烦扰。

对我来说，育养法就是与我的儿子建立沟通。为了真正地尊重他，我通过观察来倾听他，而且他非常善于告诉我他需要什么、想要什么、看到了什么、听到了什么，甚至无需任何言语。我还通过明确而诚实地告诉他我期望什么、需要什么、看见了什么以及听见了什么来尊重他。我总是为我们的沟通方式感到兴奋。在他大约7个月大的一天早上，当我正在做早餐时，他从厨房里爬了出去。我向他解释说我需要能够看到他。他要么和我一起待在厨房里，要么去他的玩耍空间（就在厨房外面）。他想了一会儿，然后回到了厨房里玩。当我开心地把这件事告诉我父亲时，我知道他不相信我的儿子真正理解了我所说的话。

在他14个月大的时候，我记得在一家餐厅里向他解释叉子不能离开餐桌，因为对他来说，拿着叉子到处走是不安全的。我让他选择是拿着叉子，还是下去走走。他选择了放下叉子。我的朋友们看着我，很震惊他能理解并遵从了，但是，我不再惊讶。我的儿子现在已经18个月大了，我们每周至少能听到一次有人说他是那么聪明，因为他理解我对他说的每一句话。我不得不笑笑，因为我的儿子所在的RIE班里的每一个孩子都能理解这些。RIE的孩子之所以能够理解，是因为从他们很小的时候起，父母就在和他们说话而不是对他们说话。

——阿里安娜·格罗思（Arianne Groth）

我们选择的话语很重要。封闭式的问题[1]和陈述要好过犹豫不决、带有歉意的问题和话语。如果你们需要出门赴约，你可以说“我们现在该走了”，而不是“你准备好走了吗?”到了睡觉时间，要说“书都看完了，该睡觉了”设立一个明确的限制，让孩子知道该睡觉了。尽量不要在句尾加上“好吗?”。或许，父母用这个词语是为了让一句话或命令变得柔和一些，或者使其听上去更友好。但是，以一种非肯定的方式说话可能会让一个孩子感到困惑，而且不太可能带来合作。当一位父母说“现在该回家了，好吗?”一个学步期的孩子往往以说“不”作为回答。在这种语境中，“好吗”这个词是不诚实的，并且会发出说过的话在某种程度上有商量余地的信息。这只会让孩子跟你唱反调。相反，要陈述事实。“我们该回家了。我要去客厅取钥匙。当我回来的时候，你就该把鞋子穿上了。”由于时间对于一个学步期的孩子来说是一个抽象的概念，有一个能看得见的线索——“当我回来的时候”——能够帮助他理解接下来会发生什么。你的学步期的孩子可能会生气，也可能不会。如果他生气了，你可以和他谈谈这件事，并让他知道他已经被看到和理解了。“你生气了。你一直和格雷厄姆玩得很开心，而且离开很难。但是，现在到了回家休息的时间了。我们明天再来找格雷厄姆。”

比利可以选择他的围嘴、袜子、鞋子和衬衫。当他拒绝做某件事情时，我们还会给他一个选择。例如，如果他不想走上台阶回家而是想沿着小路跑，我会问他是

① 封闭式的问题（Closed-ended question），是相对于开放式问题而言的，是指提问者提出的问题带有预设的答案，回答者的回答不需要展开，从而使提问者可以明确某些问题。——译者注

想让我抱着他上台阶，还是他想自己上。他可能会花一点时间想一想，然后，让我知道他想怎么做。给他一个选择帮助他对他的环境拥有了一定的控制权。

——娜塔莎·科里根·奥尔德里奇
(Natascha Corrigan Aldridge)

正如你在你的学步期孩子还是一个婴儿时做的那样，要描述正在发生或者即将发生的事情，要给他等候的时间来做准备，并且要等待他准备好了的线索。学步期的孩子经常被误认为不合作，而实际上是生活节奏太快，他们跟不上步伐。一旦学步期的孩子能够走和跑，父母们就会错误地相信他们能够速度更快，但这不是事实。慢下来能够为一个时常不知所措的学步期孩子提供一种平静感。当生活继续缓慢前行，变化不大并且可预测时，你的学步期的孩子就能更好地保持平衡。

跟上一个学步期的孩子的脚步会让人在身体和情感上都疲惫不堪。学步期的孩子在探索他们的世界时，似乎就没有停下来的时候。他们会攀爬、蹲伏、走、跑，并且在运动中会发现绝对的快乐和愉悦。在漫长的一天过去之后，平静而且前后一致地设立限制似乎是不可能的，所以，如果你有时候让步了，要原谅你自己。如果你发现自己正在设立一个限制，但突然意识到它对你来说没那么重要，放弃它也没关系。你知道“要选择你的战场”这句话吗？它是对的。有时候，你可能会在话说到一半时决定改变主意。“我刚才说我们现在需要离开公园，但我改变主意了。我可以晚一点去商店，所以，我们可以再多待一会儿。”有时候，我们会发现，我们认为重要的事情事实上并不重要，至少在那个特定的时刻并不重要。只要不是处于安全受到威胁的红灯情形，偶尔调整一下我们的方向也没关系。做到灵活和宽容——对我们自己，也对他人——是我们为自己的孩子树立的一个好榜样。

当然，有些限制是不容商量的，而安全问题居于榜首。一个学步期孩子的探索能力会随着他新获得的走、攀爬和跑的能力而增长。几个月前他还够不到的东西，现在可能很容易就够到。他能够把一个凳子推到厨房的台子旁边，爬进洗碗池里，并拧开热水龙头或者从刀架上抽出一把锋利的刀。要好好看看你的家里，以确保每一样东西都是安全的，任何有潜在危险的东西都是孩子够不到的。学步期的孩子有各种各样的主意，而且，对他们来说，能够在一个支持他们的好奇的探索的安全环境里将这些主意实施而不是抑制它们，是一件非常快乐的事情。

我们家那些不容商量的限制大多数都与攀爬有关，因为利亚姆喜欢攀爬。我们不想让他爬上桌子或书架。我们不想让他玩小狗喝水的碗或者烤箱和炉子。我们希望他在餐桌上吃饭。我们希望他在吃饭的时候能坐在那里。我们希望他能好好对待小狗。几乎其他所有事情都是可以讨论的。

——迈克尔·卡西迪（Michael Cassidy）

认可你的学步期孩子的话语和感受

让你的学步期孩子表达其感受，是很重要的，无论他是快乐、悲伤、沮丧或者愤怒，也无论那种感受在你看来是多么不合理。如果你的孩子非常害怕邻居家那只很友善的狗，要接受他的情感现实。很可能他就再也不怕狗了。不要说“没关系，不要害怕，它是一只很乖的狗，它不会伤害你”，而只需要认可你的孩子的感受。“你似乎很害怕。那只狗在栅栏后面，它出不来。你愿意拉着我的手，还是想一个人走?”如果他因为你告诉他不能玩你的手机而生气，要让他表达他的感受，说：“你知道你不能玩我的手机，所以你为什么生气呢?”对于活在当下的学步期孩子来说几乎没什么意义。他想玩你的手机，而且他现在就想。在你认可他的愤怒时——“你生气是因为你想玩我的手机，但手机不是一个玩的东西”——你的耐心可能会受到考验。

我们住在一栋联排别墅里，与其他单元共用一条车道。当我的两个儿子坐在婴儿车里，我们一起沿着这条车道走时，我们必须经过“大人物的房子”——我的儿子们是这么称呼它的。我们会看到那个男人在敞开着门的车库里，他以前是个歌剧独唱演员。当我们经过的时候，他会放声高歌。杰克逊害怕那个人的长相和震耳欲聋的歌声，然而他的单元周围没有别的路可以绕过去。有一天，喜欢公园的杰克逊不想去公园了。当我问他为什么时，他说当我们经过“大人物”的车库并看到那个

人的时候，他会害怕。我问杰克逊我是否能做些什么来让他感到安全。杰克逊问我能否把双人婴儿车的遮阳棚放下来，并且在上面盖一条毯子，这样他就看不见“大人物”，而“大人物”也看不见他了。杰克逊找到了适合他的一个解决方法。在很长一段时间里，我们出门的时候都会在杰克逊的那一侧的婴儿车上盖一条毯子，直到杰克逊感觉从“大人物”的房子经过很惬意为止。

——吉尔·杰托·李（Jill Getto Lee），RIE 导师

接受一个孩子的情感状态，要比试图压制他的感受或者鼓励他以另一种方式感受容易得多。后者只会让孩子更心烦，因为他会感到没人倾听自己，并且在他最需要我们的时候被我们抛弃了。“你没事。你没有伤到自己。”“别傻了。”“这没什么大不了的。”这些话以及类似的各种话语只会给孩子的情绪火上浇油，因为，对于一个学步期的孩子来说，无论他心烦的是什么，都是一件很大的事！这时，在最初的心烦之上，增加的是你试图逗他高兴或者劝他不要这样，或完全否认他的感受而造成的进一步的心烦。这只会教给你的孩子某些情绪是允许的，而其他的是不允许的。他可能会选择压抑或全部封闭某些感受，而正如我们都知道的那样，这会导致他在将来的某个时候出现生理和心理的麻烦。要让你的学步期孩子知道，表达他的任何情感都可以。要让这些情感顺其自然，并且要陪着他，直到他的心烦结束。

有一天，当我和三个朋友在餐厅里的桌子旁边坐着时，我儿子的头撞到了桌子上。这三个朋友都已经为人

父母，在他有时间做出反应之前，他们就立刻开始试图安慰他。一个朋友说：“别在意！别在意！”，而另一个朋友也说：“没事！没事！”我的儿子看着我，我说：“我看到你把头撞到了桌角上。你现在长高了，而且能撞到头了。”他摸了摸桌角，又摸了摸他的头，然后就继续去玩了。我的朋友们说我的儿子真是一个省心的孩子，但我知道他渴望自己的经历得到认可，而当我认可之后，他就继续去做自己的事情了。

——阿里安娜·格罗思（Arianne Groth）

学说话的学步期孩子

你的学步期的孩子会开始说话，并且会在1~3岁之间的某个时候开始以惊人的速度习得语言。其大部分语言将被用来维护他日益增长的自主：“我的!”“走开!”“不!”这都是你的学步期孩子维护自己独立这一强烈欲望的很自然的一部分。同样的描述原则在这里仍然适用。要继续说短句子，用简单的词让你的学步期孩子知道正在发生什么或者接下来将要发生什么。要给他时间来对你做出回应，而且，如果他用错了词，也不要担心。如果他指着驴的一张照片说“马”，也不需要纠正他。他迟早能够将它们区分开。如果他用错了一个词或者发错了音，不要通过大笑让他感到尴尬或羞愧。否则，他可能会抑制说话的欲望。当你的学步期孩子跟你说的话无法理解时，要让他知道。“你这么努力地想告诉我些什么，但我理解不了。”交流应该是一种快乐。要放轻松，要知道当你的学步期孩子做好准备后，他将学会说话，而且词汇量也会越来越大。

发脾气

你的孩子的性格将在很大程度上决定他是否发脾气，以及多么经常发脾气。运用育养法的父母们经常说，他们的孩子很少发脾气，而当他们发脾气时，父母们通常能够理解引起发脾气的是什么。当生活可预测时，并且当给孩子们时间为转换做好准备，而且他们的看法得到认可时，发脾气的次数就会少很多。

发脾气不是一种强人所难的突然爆发或一时的愤怒。它是突然降临在学步期孩子身上的一场无法回避或阻止的情感海啸。它会持续多久？直到它发完为止。你的学步期的孩子可能会乱踢、尖叫、大哭、打人、咬人、哀号或者躺在地板上——往往是在公共场合。为什么？有时候，发脾气是饥饿、疲倦或过度刺激的结果。饥饿和疲倦可能相对容易避免，但是，过度刺激则会悄悄地靠近你。或许是朋友或祖父母来了，并且一整天都在哄你的学步期孩子和他们互动。也许是你的孩子当天下午陪你做了几件事，或者你很疲惫，并且没有时间给他你的全部关注。这些情形对于一个学步期的孩子可能都是情感上的挑战，而发一次脾气可以用来释放被压抑的能量，以便孩子在发完脾气后感到精神焕发。另一些发脾气的原因似乎是由于沮丧。你也许犯了一个不可原谅的错误，给他端上的是梨汁而不是苹果汁，或者你是用一个光滑的而不是凹凸不平的玻璃杯给他端过来的。发脾气可能会出现在你设立一个限制，而它妨碍了你的学步期孩子的各种计划的时候。

如果你的学步期孩子的语言能力能够为自己解释的话，他很可能会用这样的话来对你设立的限制做出回应：“我想要把麦片盒从商店的货架上拿下来！”“我不想和你去邮局。我想待在家里！”“我想要收银机旁边的那些饼干。”发脾气还可能出现在你的学步期孩子的技能不足以完成他心目中的宏伟想法的时候。或许，你的学步期的孩子可能想要自己拉上运动衫上的拉链，而且不接受任何帮助。当他的勇敢的努力没有产生期望的结果时，他的沮丧感可能会让他突然大发脾气。

我们怎样对一个正在大发脾气的孩子做出回应呢？正如玛格达说的那样，那些处于情绪混乱中的孩子不需要暂停（time-out）；他们需要的是在我们给他们提供情感支持以及有时是出手相助的情况下“重新开始（time-in）”。没有适用于每一种情形的万灵药，但是，不管你怎样回应，都要抱有同情心。如果你正因为你的学步期孩子发脾气干扰了你的工作，或者打断了你原本希望和他快乐地度过的一段时间而感到生气，你的情绪只会加剧原本已经很紧张的气氛。要做几次深呼吸，尽量让自己平静下来，然后，要陪在你的孩子身边，直到他发完脾气。如果他正在打或咬你或另一个孩子，你需要立即干预。有些孩子在发脾气时不想被触摸或被抱着。这没关系，只要他们没有在伤害自己、别人或能够够到的任何东西，但是，你要陪在他们身边，直到他们发完脾气。在另一些时候，你可能需要把你的正在乱踢的学步期孩子抱在怀里，以保护他人或周围的环境。紧紧地抱住一个孩子，可能会帮助他恢复理智并平静下来，无论他正在发脾气还是在生气并且爆发攻击性行为。你可以坐在你的学步期的孩子身后的地板上，并且用你的胳膊和腿圈住他乱动的身体。要注意松松地抱着他是否能帮助他冷静，或者是否要紧紧地抱住他。要观察你的孩子，看看哪一种对他最有帮助。你不需要看着你的孩子的眼睛才能知道什么时候会发完脾气，你能够感觉到他的身体最终放松了下来。

如果你们是在公共场合，你可能想把你的学步期的孩子带到一个更私密的地方或者远离现场的地方，直到他发完脾气。如果你们是在一家商店，你可以选择把他带到车上。如果他在游戏场上发脾气，那里有一个安静的角落可以让你带他过去吗？你的学步期的孩子已经积累了相当多的情绪需要释放。要陪着他，但是，不要试图要求他平静下来、保持安静或让他产生与当时的感受不同的感受。你可以说："你很生气，因为我拿出的是蓝色的睡衣，而你要穿那套红色的。"当你不知道是什么引起他发脾气时，你可以简单地说："你这么生气。"如果你意识到饥饿有可能是你的学步期孩子情绪爆发的原因，你可以说："看上去你好像真的饿了。当你准备好了，你可以吃一点儿苹果和奶酪。"要尽你的最大努力平静而且同情地陪着你的孩子，直到这种情绪自然而然地消失。你的学步期的孩子在发完一通持续时间很长的脾气之后，可能会筋疲力尽，所以，如果他需要小睡一会儿或当天晚上早点睡觉，你不要感到惊讶。

点心和吃饭时间

学步期的孩子不仅一天要吃三顿饭，而且两顿饭之间还渴望吃点心。有些学步期的孩子一整天都会"像牛吃草一样不停地吃"，与他们每次在餐桌前吃的东西一样多。有些孩子在要吃什么方面非常大胆，而另一些孩子可能很挑食。那些曾经会吃掉放在他们面前的任何食物的孩子，可能会因为口感、颜色或味道而突然拒绝某些食物。你的学步期的孩子可能拒绝吃烤鸡肉，但很高兴地吃鸡肉丸子。他某一天可能会狼吞虎咽地吃红薯，而第二天又拒绝吃了。如果你给他盛酸奶的碗不对，他可能会尖叫，或者，如果他盘子里的豆子碰到了米饭，他可能会哭。要深吸一口气，并尽最大努力保持平静。不要告诉他在意这些事情很愚蠢，而是要问他喜欢用哪一只碗给他盛，并选择使用能把每样食物单独放在一个区域的带分隔的盘子。

在为你的学步期的孩子准备饭时，至少提供一种你认为他会喜欢的食物可能会有帮助。如果你惊讶地发现他拒绝所有的食物，你可以告诉他这是你为他准备的食物，而如果他不想吃，你会把食物收起来，他可以过会儿再吃。要抵制住回厨房给他准备别的食物的诱惑。要相信，如果你的学步期的孩子饿了，他会吃的。他不会让自己挨饿！如果你担心你的孩子吃得不够，要记录他每顿饭吃了什么。这样记录一个星期，你可能会惊讶地看到他吃得比你想象的要多得多。

如果你发现你在试图通过哄劝或贿赂你的学步期孩子吃饭的方式来控制进餐时间，要退后一步并提醒自己，你的任务是提供健康的食物，应该由你的孩子来决定他吃不吃，以及吃多少。如果你的学步期的孩子感觉到你对他的饮食的焦虑，或者，如果你试图强迫他吃，他极有可能会抵制。尽管可能会很难，但要尽你的最大努力来保持一个平静而轻松的进餐时间。

学习上厕所

学步期的孩子不需要被训练使用厕所。当他们准备好的时候，他们就能够毫不费力地学会使用厕所。鼓励、哄劝或试图教你的孩子是没有必要的。劝诱、贿赂和奖励是不明智的。所有这些做法都会造成焦虑和抗拒，所以，要放松并且观察孩子准备好的迹象。要记住，所有的孩子最终都能学会使用厕所，而且，无论你的学步期的孩子是早一点学会还是晚一点学会，一点都不重要。

你如何看出来你的学步期的孩子是否为使用厕所做好准备了呢？首先，你的学步期的孩子必须在生理方面做好了准备，以便他能够控制他的膀胱和大便直到他到达厕所。如果他的尿布在早晨总是干的，这就是他可能做好了准备的一个迹象。他还必须在认知方面做好准备——能够理解整个过程以及他在使用厕所时必须做什么。如果他观察过你、一个哥哥或姐姐或者日托中心的其他孩子使用厕所，这可能会成为一个强有力的激励因素，他可能也想使用厕所。他可能会使用一次，然后在六个月里都不再使用。或许，这只是一次小小的试验，但他还没有准备好常规性地使用厕所。你的学步期的孩子可能会说“便便”，来让你知道他大便了，或者他可能告诉你他需要大便，并且让你和他一起去洗手间。这会让你知道他以一种在前一个阶段所没有的方式意识到了要排便。你的学步期的孩子还必须在情感方面做好准备——能够停下他正在做的事情去上厕所，而不是排在尿布里。

当你的孩子开始表现出兴趣时——通过观察你使用厕所或通过谈论它——要跟随他的引领。如果他想为你冲厕所，要让他冲。他将在准备好自己尝试使用厕所前，开始熟悉这一日常惯例。当他表现出兴趣时，要在洗手间里放一个坐便椅，以便他在想用的时候就能用。坐便椅可以让孩子的双脚着地，并且不必在坐在上面的同时担心保持平衡的问题。有些父母更喜欢使用能安装在普通马桶上的儿童马桶圈。如果你选择这一种，要确保手边有一个凳子，以便你的孩子能够自己爬到马桶圈上。有些孩子觉得坐在一个普通的马桶圈上，并且微微前倾或抓住马桶圈两侧以保持平衡很舒服。选择坐便椅、儿童马桶圈，还是什么都不用，最好要观察你的学步期的孩子，以确保他能够放松下来并且舒适地保持平衡。

你可以通过给你的学步期的孩子穿他自己就能很容易脱下来的衣服，来支持学习使用厕所的过程。紧身裤、短裤或腰部有松紧带的裤子是最好的。正如你给他换尿布时所做的那样，要通过让他尽量自己做，而你在旁边给予情感支持并在需要的时候出手相助的方式，鼓励你的学步期的孩子成为一个积极的参与者。不要脱下他的裤子并把他抱到马桶圈上，要让他自己脱下裤子并且自己爬上去。他可能需要花些时间才能撕下一张卫生纸并且自己擦屁股，但是，如果你总是替他做，他怎么能学会呢？刚开始时，你可能需要帮他彻底擦干净，或者他可能需要你的帮助来提上裤子。要尽量少帮助他，以便他能够练习并且在他准备好之后做自己能做到的事情。如果他急着小便，他可能需要你帮他脱下裤子。或许，下一次他就会在憋不住之前注意到撒尿的冲动，并且会自己脱下裤子。有些学步期的孩子在看到自己的排泄物在马桶里消失时会变得不安，所以，如果你的孩子不想冲马桶，就不要强迫他冲。重要的是要记住，这一切都与孩子是否做好了准备有关，因此，不要强迫你的学步期的孩子做他抗拒或者看上去还没有准备好的任何事情。上厕所这个惯例的最后一步是上完厕所后要洗手。要在旁边放一个凳子，以便他能够在洗脸池里洗手。

当学步期的孩子在做一件事情时，他们可能会错过或忽视他们的身体发出的信号。尽管你的学步期的孩子可能不想停下正在做的事情去上厕所，但是，他可能会发现，当他坐到马桶上时，他确实会小便。尿裤子的情况总会发生，特别是在头几个星期。这是很自然的。如果这种情况持续时间比几个星期长，就有可能是你的学步期的孩子还没有准备好。当你的孩子尿裤子时，不要大惊小怪，不要羞辱或责骂。你可以简单地说："你的内裤湿了，让我们把它换了吧。"如果你的学步期的孩子晚上尿床，你可能想在床垫上铺两层床单——使用两张防水布或防水床罩，一张铺在床垫上，另一张铺在两张床单之间。这样，如果上面的床单湿了，你就能简单地把它和防水床罩一起揭掉，露出下面的干净床单。这可以保持床垫不被弄湿，而且让你不必在半夜里重新铺床。在学习上厕所的整个过程中，大人的角色应该是保持耐心并且亲切地提供支持。学会使用厕所是需要练习的。

当你和一个学步期的孩子生活在一起时，有时候你似乎会在一个小时或更短的时间内目睹人类的每一种情感。你的学步期的孩子这一刻可能欣喜万分，而下一刻可能又伤心欲绝。他可能正非常开心地吃着饭，突然尖叫着说他不喜欢盘子或者他的食物的颜色。你的孩子维护他的观点的能力将不断增强，而且会满怀热情地说出来。“我的”“不”和“我想要”是常见的语句。无论这有多么真实，但学步期也会带来一种独特的惊奇感和纯粹的喜悦。花时间和学步期的孩子在一起是一份礼物，他们能够提醒我们去欣赏那些我们原本可能会错过的小事情。

第 9 章

当你的孩子逐渐长大以及家里有新宝宝时

最重要的是要记住，你的孩子的行为变化并不是“退步”，而只是他持续的成长与发展过程的一部分。

——玛格达·格伯《亲爱的父母》

正当你认为自己终于把一些事情——你的宝宝的作息规律、饮食偏好、哪些事情有助于安抚他——搞清楚的时候，他又变了！那个能够安静地睡一整夜的宝宝现在会半夜醒来，并要求得到你的关注。他上个星期还喜欢吃红薯，现在却断然拒绝。你的宝宝不是顽固或在与你作对。这些变化只是他自然的成长和发展过程中的一部分。要尽量放下昨天管用的那些事情，并尽你的最大努力灵活地适应你的宝宝的成长。玛格达·格伯说：“出生后的头几年，到处是不平衡-适应-协调这个过程的不断循环。对于父母们来说，这意味着要不断地适应新的发展。”知道在你的宝宝的各个发展阶段会出现哪些变化，能帮助你自信而轻松地对这些变化做出反应。

分离焦虑和陌生人焦虑

在你的宝宝 9 ~ 12 个月大的某个时候，他会开始意识到自己是一个独立的人，并且很可能会体验到分离焦虑，这往往以黏着你或在看不到你的时候就会以痛苦的方式呈现出来。这是一个正常的发育阶段，并且是健康的依恋的一个结果。有些人可能建议转移你的宝宝的注意力，以便你能够在他不注意的时候偷偷地溜出门。但是，这样做只会加剧他的焦虑，因为他会永远无法放松下来，而且无法相信你不会随时突然消失。相反，永远都要告诉你的宝宝你要离开一会儿，并且要认可他的情绪。“我能看出来你很难过，但是，我需要去商店。玛莉卡会在这里陪着你。我很快就会回来。”有时候，当你试图离开时，他可能会抱着你的腿并且呜呜地哭。这时候，有些父母会感到非常内疚和担忧，以至于他们会停下来，努力安慰自己的宝宝，希望在自己走之前他能平静下来。但是，这只会延长这一不可避免的告别过程，并且会让事情更难办。事实是，分离可能是很痛苦的，而如果你是那个要离开的人，你就不能同时是安慰宝宝的那个人。只要你离开的时候有另外一个熟悉而体贴的大人留在那里照顾你的宝宝，他在大多数情况下是能够学会忍受你的离开的。如果你发现自己离开后感觉很不安而且很担心，你可以让照顾孩子的那个人给你发个信息，让你知道你的孩子已经恢复正常了，这样你就可以放心了。当你回来的时候，你可以说：“我回来了。”而且，你的宝宝迟早会学会相信，你会离开，但总是会回来。

随着他从你的离开和归来中获得更多经验，他就能够学会应付这种分离，他的焦虑就会减少，直到最终能把你的离开看作很正常的事情。

在你的宝宝经历分离焦虑的同时，他在陌生人身边或者在新的环境中也会变得焦虑。不要试图把他从自己的感受中转移出来，如果他不愿意，不要哄劝他和一个陌生人互动或者到一个新环境中去探索。相反，要通过认可他的不安来体贴地做出回应。“杰克的奶奶离你太近了。她摸了你的头发。你不喜欢这样。”只要有必要，就要尽你的最大努力来为自己的宝宝辩护，并且努力帮助那个成年人理解你的宝宝可能需要一些时间才能和陌生人熟悉起来。你可以说：“让我们等等，看看他想怎么做。”这样，你就把大人和孩子都包括了进来。

一个新宝宝

当父母考虑再要一个宝宝时，他们有时会担心第一个孩子会有什么反应。你如何对两个或者更多的孩子继续运用育养法，并且适应不止一个孩子的需要呢？当然是以尊重的方式。

如果你的第一个孩子还不到两岁，新宝宝的概念在很大程度上对他来说是很抽象的，而且你几乎无法让他为即将到来的变化做好准备。他可能看到妈妈的肚子鼓了起来，但是他不会明白这意味着什么。如果他有机会和一些小宝宝相处，一个新弟弟或妹妹可能会让他感到有点熟悉，但是，一个每时每刻都待在他的家里的新宝宝需要他做出相当大的调整。

如果你的孩子会说话了，一旦对新宝宝的新奇感消失，你不要惊讶他会问：“我们现在能把他还回去吗？”昨天他还拥有你的全部；今天他就不得不和一个皱皱巴巴的哭哭啼啼的婴儿分享你。最初的兴奋感可能会被一种深深的失落感取代，并且会渴望回到从前。他对于那个偷走了你那么多关注的人感到嫉妒和愤怒就是再自然不过的事情了。如果你的孩子这时会走路并且会说话了，他可能会退化为爬行，并且以“婴儿的语言”说话。他可能会以打你或打新宝宝的方式将情绪表现出来。你要描述自己所看到的。“妮娜饿了，所以我在给她喂奶。你在打我，这很疼。我希望你停下来。”“我知道你想和我在一起，而且等待很难。”“你生气是因为想得到我的关注吗？妮娜吃完奶，我就给她换尿布并且放下她让她睡觉。然后，我就能只和你在一起了。”这与为促使你的孩子接受这个闯入者而否认他的感受完全不一样：“你为什么打我？你有一个小妹妹是多么幸运啊！我知道你爱妮娜！”正如我们允许一个孩子通过哭来表达他的感受，直到他哭完一样，要让你的孩子表达他对新的弟弟妹妹的任何苦恼，而且不要试图鼓励他有不同的感受。

很多父母都告诉过我，他们为无法给第二个或第三个孩子与像第一个孩子那么多的时间和精力而感到内疚，而且很难一直实行 RIE 原则。正当你要坐下来给新宝宝喂奶时，你的学步期的孩子可能会突然想要你的关注。要让他知道你正在给他的妹妹喂奶，而且一喂完奶马上就会关注他。他是能够学会等待的，因为他知道当轮到他的时候，他会得到你一心一意的关注。

找出和你的每一个孩子单独相处的时间——他们完全拥有你的时间——是非常重要的，而且会有助于使新宝宝的到来这个转变更容易。你的大一点的孩子会明白，当他的妹妹在上午小睡时，你会单独和他度过一些无目的时间。一旦你和你的新宝宝建立起一种节奏，找出一天中能专门和你的大一点的孩子相处的时间就比较容易了。这种一对一的时间对于你们两个人来说都很重要。

多胞胎

当你观察并开始了解你的多胞胎中的每一个宝宝时，你会认识到他们彼此是多么不一样。以一种承认他们是独立的个体而不是“双胞胎”或“三胞胎”的方式来对待多胞胎，是很重要的。每个宝宝都有其独特的性格和兴趣，而且每一个都会按照自己的节奏成长。尽量不要比较他们，而要从每个宝宝的独特性得到乐趣。

给多胞胎穿不同的衣服不仅确立了他们是不同的人，还能帮助家人和朋友辨别他们，尤其是在刚开始的时候，此时有些人可能难以区分他们。同样，用宝宝的名字称呼他们会强化他们的个人特征，而且是对他们的尊重。我的同事吉尔·杰托·李（Jill Getto Lee）给她的双胞胎儿子在不同的日子过生日。她给他们每个人分别安排玩伴聚会，以便他们每个人都有机会和其他孩子玩耍并建立关系。享受彼此之间特殊的亲密关系的同时，能够享受彼此分开，对他们来说也很重要。

当怀上多胞胎的时候，有些父母想知道他们怎样做才有可能照顾两个（或更多个）宝宝。他们怎么才能同时满足多胞胎宝宝的需要呢？答案是他们做不到。婴儿是能够学会等待的。对于一个宝宝来说，等几分钟再吃奶，以便能享受到你的全身心的关注，要比你在喂另一个宝宝的同时也喂他好得多。当多胞胎宝宝被同时喂奶时，这更像是一条高效的流水线而不是一种亲密的人与人的互动。

在医院里，我接受了同时给两个宝宝喂奶的指导。这很有挑战性，因为我的每个宝宝含乳头的方式不一

> 样，而且吃奶的习惯也不同。一个宝宝会很快吃完，但他的弟弟通常需要多吃十分钟。
>
> 当我们从医院回到家里后，我继续努力同时给两个宝宝喂奶，但这样做只是让我很伤心。这种“集体”喂奶的体验让我无法全身心地关注任何一个宝宝。在他们出生前，有人告诉我，多胞胎的父母会失去很多和宝宝建立亲情心理联结的时间，而似乎这正发生在我们身上。但是，后来我想：“这不行。我一定能做一些事情。”
>
> 我决定一次只喂一个宝宝，一个一个来，这让我大大地松了一口气。在该喂奶的时候，我会把每个宝宝放进他们各自的婴儿床。然后，我把一把摇椅拉到那个先不喂奶的宝宝的婴儿床旁边，我能在喂他的兄弟吃奶的同时陪在他身边。之后，就该喂第一个宝宝了。如果待在婴儿床上的宝宝因为饥饿而开始尖叫，我会把注意力从吃奶的宝宝身上转移到他身上一会儿，并对他说：“我一喂完威廉就马上喂你。”两个宝宝都学会了信任和等待，知道会轮到他们。因为威廉找乳头和吃奶都很快，他通常是第一个吃奶。然后，杰克逊就能按他通常悠闲的节奏享受吃奶了。
>
> ——吉尔·杰托·李（Jill Getto Lee），RIE 导师

多胞胎的父母通常会被宝宝的睡觉安排问题弄得左右为难。用一个婴儿床还是两个？每个宝宝都需要一个卧室吗？或者他们可以睡在同一个房间里？对于所有那些没住在有六个卧室的大房子的多胞胎父母们而言，要振作起来！雪莉·瓦兹莉·弗莱斯（Shelly Vaziri Flais）是一名儿科医生，也是一对双胞胎的母亲，

她说："从医院回到家里的头几天，许多双胞胎新生儿都会因为另一个在旁边而得到安慰。然而，随着他们越长越大并且动的越来越多，他们就需要自己的婴儿床了。"虽然多胞胎需要自己的婴儿床，但父母们有时会惊讶地认识到他们的宝宝可以在同一个房间里睡觉，而且彼此并不会打扰对方的睡眠。事实上，多胞胎相互之间是那么熟悉而合拍，以至于他们在一起实际上会给彼此带来安慰和安全感。他们学会了对对方发出的声音置之不理——那只是背景噪音中熟悉的一部分而已。

当我的两个双胞胎儿子还是婴儿的时候，他们分别被放在同一个房间里靠墙的两张首尾相连的婴儿床里。一天晚上，杰克逊抓着婴儿床的一边站了起来并开始哭，而威廉正在自己的婴儿床里睡觉。我从视频监视器里看到威廉醒了过来，并慢慢地站了起来。他看了看自己的婴儿床床尾的杰克逊——他还在哭。看上去威廉明显想睡觉，但是，他开始含糊不清地说话并发出各种声音，同时趴在他的婴儿床床尾的护栏上看着杰克逊。我就这样看着威廉以这种明显的方式和杰克逊交流。杰克逊变得安静了，慢慢地坐了下来，躺下，并停止了啼哭。在接下来的大约一分钟里，威廉继续"说着话"，而杰克逊睡着了。当杰克逊在自己的婴儿床里睡着后，威廉突然停止了说话，慢慢地躺下，也睡着了。我真的很吃惊。威廉想睡觉。我不知道他对杰克逊说了什么，但是不管说了什么，他肯定是解决了杰克逊的问题。

——吉尔·杰托·李（Jill Getto Lee），RIE 导师

照顾多胞胎会特别累，所以，只要有可能，就要抽时间休息。朋友们和家人也许想帮忙，但可能不知道你真正需要什么。要把他们能给你的支持列成一个清单，不要不好意思寻求帮助。在孩子刚出生的几个星期里，有人帮忙做饭、跑腿、洗衣服或抱一会儿宝宝，会带来极大的不同。

同胞冲突

你的学步期的孩子可能要花些时间才能知道他的小妹妹和那个他能用力捏的布娃娃不一样，她不喜欢这样，而且她需要被温柔地抚摸，抱着时也不能用力挤压。确保两个孩子的安全，并保护宝宝不受大孩子的攻击性或者热情过头的伤害，是父母的责任。如果你的学步期孩子戳或打他的婴儿妹妹，不管是由于生气还是只想看看她会有怎么的反应，你当然必须介入。在可能的情况下，要看看孩子们是否能自己解决冲突，而且，在有必要调解时，要尽你最大的努力做出平静地解决冲突的榜样，而不能站在任何一个孩子一边。

RIE 确实帮助我在插手任何同胞纠纷之前先等一等并进行观察。它给了我相信他们真的能够自己解决问题的信心。正如孩子们之间——无论是不是兄弟姐妹——经常出现的情况那样，有些事情似乎解决得很容易。例如，对我的小儿子来说，他哥哥拿了他的什么东西真的无关紧要。另一些时候，大儿子其实会帮助解决问题——有时是在我的几句话的帮助下，有时完全靠他自

己。只有在他们大声吼叫或者要求我帮助的时候，我才插手。我很高兴自己知道通常情况下插手只会造成本来没有的问题，甚至会为一个孩子（婴儿）被不断地当作受害者对待开创一个先例。

——达尼娅·德雷瑟（Dawnia Dresser）

正如我们不会仓促干预两个不是兄弟姐妹的孩子之间的冲突，而是会等一会儿看看他们能解决哪些问题一样，我们也不要仓促地充当兄弟姐妹之间的调解人或仲裁者。这是一种将持续一生的关系的开始，而且，就像所有的关系一样，会有争斗和纠纷。父母们可能会听到隔壁房间有争吵，并且会过去调解。他们并没有看到冲突的起始，因而无法准确地评估到底发生了什么，或者怎样解决才算公平。最好的方式始终是不要担任裁判的角色，而要认可孩子的愤怒。“基努推了你。你很生气。”有时候，几个共情的词语就是所需要的全部。如果争吵没有在继续，而你的孩子们的年龄已经足够大了，你可以让他们参与寻找一个解决方案。当你的年龄较大的孩子从婴儿妹妹手里抢走了一个玩具，而妹妹开始号啕大哭的时候，你要知道妹妹的哭会在哥哥的心里激起一些东西。不要告诉你的大孩子把玩具还给妹妹，而要描述你看到的事情。要向大孩子描述妹妹的状况。“玛丽安娜在哭，正在伸手够那个球。她很生气。”要等一等，再等一等，看看你的大孩子是否会让出那个球。如果他没有，你要对玛丽安娜说：“你刚才在玩那个球，现在你哥哥拿着它。你很生气。”这种语言会帮助你的大孩子听到并感受到他的行为对小妹妹造成了怎样的影响，并且使你避免了充当法官和陪审员。要抓住你的大孩子对妹妹亲切而温柔的时刻，并要说出来。“玛丽安娜笑了。你把球

还给了她，她看上去那么开心。”像通常一样，要为那些你希望灌输给你的孩子的行为做出榜样，并且要给他时间改变自己的行为并以一种宽容——如果不是充满爱意——的方式对待他的兄弟姐妹。

我们的 9 岁和 11 岁的两个儿子一直共用一个房间。房间不大，当然，他们有时候会为玩具的所有权以及谁玩玩具而争吵，但是，争吵都很短暂，而且也不经常出现。我把这归功于我们家在 RIE 学到的东西。描述刚刚发生的一个情形，并问一个问题——“杜鲁门，我看到你有一件斗篷和一把剑，斯特林也想玩。你怎么解决这个问题?”——会减少由冲突造成的情绪的强度。失去玩具的威胁，轮流玩的威胁，甚至被误解的威胁，全部被消除了。他们决定——我不干预——用烤箱计时器来计时，每个人轮流玩斗篷和剑 13 分钟。冲突通常都会变成一起玩，因为他们共同确定了游戏的规则。

当出现这种情景时，我们的两个男孩知道他们不必为玩具的所有权或为我们而争斗。

——黛安娜·乔治亚（Diana Georger）

对于婴儿和学步期的孩子来说，一个新的弟弟妹妹或见到一个陌生人，会导致一段困惑和适应期。真诚而体贴地承认这些变化，能够帮助你的孩子感到自己被看见了，被理解了。当你的宝宝经历陌生人焦虑时，描述你看到的状况会有助于减轻他的不

安。当一个新宝宝降生时，要向你的孩子保证，他的新弟弟或妹妹不会取代他在你的情感中的位置。从你的孩子出生那一刻开始就和他坦率地沟通，不仅能够缓解他当时的痛苦，而且会让他受益终生。

第 10 章

孩子的看护

婴儿们需要相信，他们之所以被爱是因为他们本身。我们需要的是能够传达出这一点的体贴的看护人员。

——玛格达·格伯《亲爱的父母》

玛格达相信，最理想的是由母亲或者父亲在家里照顾孩子，即使这样做需要做出一些牺牲。不幸的是，对于当今的大多数家庭来说，这在经济上是不可行的。你怎么着手为你的宝宝找到尽可能好的看护场所，而且你应该寻求什么呢？有些宝宝是由祖父母，或者其他亲戚，或者居家看护人员或保姆来照料的，另一些宝宝则会去日托或儿童看护中心。没有适合所有家庭和所有情形的正确的解决方法。重要的是你的宝宝得到的看护的质量。

如果你正在寻找一个在你自己的家里照料你的宝宝的人，要从寻找一个性格温和善良而且天生动作就慢的人开始。一位友善、活泼、精力充沛的人可能正好适合你的 4 岁的宝宝，但是，她能够让自己慢下来照顾你的婴儿宝宝吗？要问问这个看护人员自己的成长经历，看看能透露出什么。如果她拥有一个快乐的童年，这显然是一个积极的信号。

当然，你不可能通过一次简短的会面就深入地了解一个人，但是，在初次面试的过程中，你可以问几个有助于你了解这个人的看护风格是否与你的方式一致的问题。“你怎样哄我的宝宝小睡？”“当你哄他入睡后，如果他哭了该怎么办？你会如何回应？”“如果你在给他喂饭，而他没有吃完所有的食物，你会怎么做？”“如果我的学步期的孩子从另一个孩子那里抢了一个玩具，你怎么办？”如果这位看护人员的回答表明她的看护方式与你的不一样，你可以说：“一旦我的宝宝把头转开，不再看食物，闭上嘴唇，或将勺子推开，我就知道他已经吃饱了。他有时候吃得很多，有时候只吃一点儿。你认为寻找他的线索并让他决定，你感到舒服吗？”拥有 RIE 经历的看护人员只是少数，这没关系。通过交谈，你也许能搞清楚这个人是否乐意接受另一种看护和照顾婴儿的方式，或者是否固执于自己的方式。你能想象出这个人很容易就能与你的家人相处得很好，更重要的是与你的宝宝相处得很好的情形吗？

在大多数情况下，与一位居家看护人员沟通你的期望，要比与一位和你有很长时间关系的亲戚沟通容易得多。但是，通常情况下，请一位亲戚来照顾你的宝宝的费用更低，甚至不用花钱，所以，这可能是你最好或者唯一的选择。重要的是，要预料到会出现的事情，并且与其讨论那些对你来说很重要的事情。告诉你的婆婆你希望她这样抱你的宝宝而不是那样抱，或者要求她不要再把玩的东西递给你的宝宝，对你来说可能是很大的挑战。如果她在你的宝宝跌倒时把宝宝一把抱起来，或者在换尿布时分散他的注意力，你该怎么办呢？不要等到事情发生时再说，而要提前讨论这些事情。你的宝宝也许能够忍受一个看护方式与你完全不同的人一段时间，但时间长了对他来说可能会有压力。

向一位已经确立了看护方式以及做事方式的儿童看护中心的看护人员建议一些事情，也许是不可能的，但是，当一个人在你家里照料你的宝宝的时候，你当然可以帮助你的看护人员遵守RIE的原则。如果你想让她采用育养法，就不可能让她同时给你当管家或者做其他事情。尽管她能够在你的宝宝睡觉时收拾厨房或洗衣服，但是，如果她的主要工作是照看你的孩子，就要向她解释，你希望她将自己的时间和精力都放在你的宝宝身上。要让她知道，在不受干扰的玩要时间，她不需要逗你的宝宝高兴，或者当他的玩伴，而只需静静地坐在旁边，在宝宝玩要的时候观察他，并且在他需要的时候随时在身边。你可以让她注意你的宝宝玩的是什么东西，以及是怎么玩的，并且告诉你。她可以口头告诉你，也可以草草地记一些笔记，以便在当天的工作结束时与你分享。这样，你就能帮助你的看护人员培养其观察技能，并注意你的宝宝自己做了哪些事情。要让她知道，当你的宝宝哭的时候，在匆忙介入之前慢下来并等一等是完全可以的。在你的看护人员开始独自照顾你的宝宝之前，你们一起和你的宝宝待一段时间对你们两个人来说都是有用并有益的，这样，她就能看到你的照料方式，并且你们就有机会交谈。这种热身阶段能够给你的看护人员适应你、你的宝宝、你的家以及你的看护方式的时间，并且能给你的宝宝适应这位新的看护人员的时间。通过留出时间，这种转换对每个人来说都会更容易。

儿童看护中心

如果你正在考虑家庭托儿所、家庭日托或儿童看护中心，要提前尽可能多做一些调查和了解。要给几个看护机构打电话，看看你是否能安排一个参观的时间，并且要问问你是否可以在你的宝宝可能要在的班里待一个小时左右，观察一下里面的宝宝。要看看那里的负责人在你参观时是否能当面回答诸如以下这些问题：

■ 该儿童看护机构是否采用主要照料人制度（primary caregiving），即一个看护人员负责她自己照料的几个婴儿，由她给这些宝宝换尿布、喂奶并且把宝宝放在他们自己的婴儿床上休息？

主要照料人制度是很重要的，因为这使得婴儿有机会与一个重要的人形成依恋关系。这个主要照料人可以得到其他人——你的宝宝可以与他们熟悉起来——的帮助，但是，每个大人的角色得到明确是很重要的。总是更换不同的人来照顾宝宝是不好的，而且，由那些拿你的宝宝“练手”的学生或实习生来照顾，对宝宝来说也不好。

■ 看护人员和宝宝的比例是多少？

一个成年人负责照顾的宝宝的数量不超过 4 个是最好的。一个人不可能同时专心地照料很多宝宝。

■ 每个房间里有多少宝宝?

每个房间里宝宝的数量应该少一些——4 个是最理想的，但最多不能超过 6 个。当很多宝宝在一个房间的时候，即便看护人员和宝宝的比例很小，整个房间里的环境由于各种嘈杂声也不可能是亲密而平静的。

■ 宝宝们是如何分组的?

理想状态是每一个小组都由年龄相差不到几个月、粗大运动发展阶段相近的宝宝组成，以便这些孩子能自由地活动和探索。当那些还不会爬的婴儿被放在与学步期的孩子同一个房间时，这些婴儿就无法放松下来，因为学步期的孩子会在他们身边迅速地走来走去，而为了保护这些婴儿，那些学步期孩子的自由活动会受到限制。为不同年龄段的孩子提供一个合适的环境而不牺牲某些东西，也是一个很大的挑战。把不同年龄的宝宝分在一个房间非常适合于都能走能跑的幼儿园年龄的孩子，但不适合婴儿以及学步期的孩子。

■ 当你的孩子达到一定年龄或到了某个成长里程碑的时候，他是否会与同一小组的孩子在一起?

虽然一个小组里所有 3 个月大的宝宝一开始可能都是仰面平躺着的，但是，他们不会以同样的步调成长到各个发展阶段。有些宝宝可能会比其他宝宝早几个星期开始爬，而某个宝宝可能会比其他宝宝早几个月开始走路。你的宝宝已经与其看护人员和同一小组的其他宝宝建立了关系；他们已经成了你的宝宝在自己的家庭之外的另一些家人。对你的宝宝来说，在儿童看护中心的这段时间最好始终与同一个小组的孩子在一起，而不是在他开始爬，或者开始蹒跚学步或到达某个年龄时，被换到一个新的小组。可能会有那么一两个星期或者一两个月，一个宝宝仍在爬，而其他宝宝都已经蹒跚学步，看护人员能轻松地处理这种情况，因为所有的宝宝都在动，都有能力从另一个孩子身边离开，如果他们愿意的话。

■ 当你的宝宝从一个教室换到另一个教室时，照顾他的那个看护人员会跟去吗？

如果你的宝宝开始到看护中心时，先进入的是一个小婴儿的教室，然后被换到了一个更大一点的婴儿的教室，最后进入了一个学步期孩子的教室，理想的情况是看护人员随着孩子们一起换，而不是让孩子们每次换到一个新教室的时候都要换一批新的看护人员。这被称作“照顾的连续性”。

■ 这里有室外活动场地吗？

有机会去户外待一段时间，让婴儿们看看云卷云舒，让学步期的孩子能奔跑和攀爬，对他们的情感和身体健康都是非常重要的。要弄清楚宝宝们多久能在外面玩耍一次，并且看看孩子们能否使用这个室外空间，以便他们能随意地在这个空间爬或走。坐在婴儿车上待在室外或到室外去散步，与有机会在户外不受干扰地玩耍是非常不同的。

在得到所有这些问题的答案之前，你一走进看护中心的大门就会有一种感觉。你是感到平静而愉快，还是非常嘈杂？这里的大人说话是轻声细语，还是隔着整个房间相互交谈，并且和孩子们说话时也是这样？有没有一个安全的区域能够让你的宝宝安静地自己玩耍？这里玩的东西是被动式的，还是主动式并且会发声的？孩子们看上去玩得很投入吗？满足吗？开心吗？看护人员关注并且喜欢和宝宝们在一起，还是她在想入非非或者与另一个看护人员在闲聊？这里的大人让宝宝们安静地玩耍，还是会用不必要的话语打扰他们？如果一个宝宝哭了，看护人员是如何反应的？如果你看到一个看护人员在给宝宝换尿布，她在和宝宝说话，还是拿一个玩具来转移宝宝的注意力？这些都是你需要观察的事情，但还要记住，照顾好几个宝宝一整天是一件非常艰难的工作，而且没有哪个看护中心是完美的。如果你在观察的时候有一种温暖的感觉，而且感到在那里工作的人关心宝宝并且喜欢自己的工作，那就是非常积极的。要批判性地观察，但也要明白你不可能找到没有缺点的看护中心。

我很幸运，我在儿童看护方面的第一份真正的工作是在一家深受RIE理念影响的儿童看护中心。我当时并没有意识到这一点，我甚至都不知道RIE是什么，但是，我知道我的工作很开心，而且感到内心很平和……这是我当初签约来这个房间里都是婴儿的地方工作时没有预料到的！尽管这个看护中心的一个房间里有12个宝宝，但是，我们采用主要照料人制度，而且，我发现了与我负责的三个宝宝中的每一个宝宝以及他们的父母建立一种深厚而关爱的情感连接的价值。

当然，总有好几个宝宝甚至所有的宝宝同时哭的时候，但是，当所有的看护人员都很平静、平和并很宽容的时候，一个充满了宝宝哭声的房间的基调就很不一样了。

在这样一个看护中心工作，一开始让我感到有一点儿不舒服。他们鼓励我只是坐在那里，观察一个孩子努力往一个器具上爬，这很难……我真的想去帮助孩子们！但是，他们教给了我如何观察一个努力并且取得了成功的孩子与一个努力并寻求帮助的孩子之间的区别。当一个孩子哭的时候，我们得到的建议是不要冲过去，而是要平静地、慢慢地走过去……要避免说“没关系”，或者转移他的注意力，或者把他逗到不哭。他们鼓励我坐在那里，并更多地观察孩子们玩耍，而不是花时间带领他们玩。而且，在抱起一个宝宝之前，我每次都要告诉他，而且要告诉他我将要做什么。尽管这其中有一些事情比另一些事情更容易适应，但是，我认为这些小小的习惯教给了我慢下来、观察并真正地寻找孩子们的能力，这帮助了我把他们当作独立的个体来看待。

我清楚地记得我在一个商场遇到的为圣诞节购物的一家人时的震撼感。我记得我那么惊讶地看到他们的女儿显得那么像一个小婴儿！她被塞在一个婴儿车里，在熙熙攘攘的一个大商场里，她显得那么小、那么弱。这让我意识到在一个真正为她设计的环境中去了解她该有多么好啊：那样，我就会已经习惯于把她看作一个完全有能力而且自立的人。

——梅拉尼·莱德古（Melani Ladygo），RIE 导师

向新的照料人的转换

需要考虑的另一件重要的事情，是如何帮助你的宝宝习惯于一位新的照料人。你的宝宝和你之间有一种亲密感，而对你的宝宝来说，即便新的照料人既亲切又温柔，她或他一开始都是一个陌生人。要提前计划，以便你的宝宝有充足的时间了解这位新照料人，对她产生好感，并在你长时间离开之前与她建立起亲情心理联结。这个过渡阶段需要多长以及多么容易或成功地度过，取决于你的宝宝的年龄和性格。如果你的宝宝正在经历分离焦虑或陌生人焦虑，这个转换将会更困难，而且很可能需要更长的时间。无论你的宝宝是在自己的家里还是在儿童看护中心接受照料，如果你能在重返职场之前至少两个星期开始这个过渡将是最理想的。如果看护中心提供上门服务，这将是你的宝宝在去看护中心之前，你和他在自己的家里开始了解看护人员的好机会。如果看护中心不提供上门服务，要问问看护中心怎样对待这种转换过程。如果你能和你的宝宝一起在看护中心待至少一两周，是最理想的。这会帮助你和你的宝宝了解他的看护人员以及其他工作人员，而且能帮助你的宝宝在新环境中感到轻松自在。如果有人将在你的家里照顾你的宝宝，要请她在你重返职场之前至少两周开始工作。要从每天与这位看护人员一起照顾宝宝开始，直到她能轻松自如地照顾你的宝宝，你的宝宝也能自在地与她在一起。当你给你的宝宝换尿布时，要请这位看护人员站在尿布台旁边，而且，在你给宝宝喂奶时，要让她静静地坐在旁边。无论是在看护中心还是在你的家里，一旦你看到你的宝宝能自在地与其照料人相处，你就可以离开房间一段时间，让你的宝宝与其照料人单独相处。要从离开 1 ~ 2 分钟开始。要记住告诉你的宝宝你要离开，两分钟后就会回来，而且要确保他看见你并知道你回来了。如果他正在玩一个东西，你可以蹲到他的高度，让他知道你回来了。当你的宝宝在你离开的 2 分钟之内能够很自在的时候，要逐渐延长你离开的时间，以便你能离开 5 分钟，然后是 10 分钟、15 分钟、30 分钟，然后是 1 个小时、2 个小时，甚至更长时间。给每个人一段时间来互相了解，并且给你的孩子时间来与其新的照料人建立亲情心理联结是对他的尊重，并且会为成功地过渡奠定基础。

无论你选择哪种照料方式——无论是在你的家里，还是在儿童看护中心——都要花时间和你的宝宝的照料人建立关系。随着你的宝宝的成长和他的需要的变化，参与照料你的宝宝的每个人都应该感到能自由地提出问题和建议，以确保大家达成共识，并确保你的宝宝得到良好的照料。

第 11 章

养育需要的支持

父母们可能需要有人同情他们对为人父母和孩子的婴儿期的焦虑，并且分享快乐和希望，共担生活中的起伏。

——玛格达·格伯《亲爱的父母》

职场父母们可能会盼望着周末，那是他们可以整天和自己的宝宝在一起的时候。而全天待在家里的父母们可能会渴望能有时间离开家，能够一个人待着或者和朋友们在一起。照顾一个婴儿在体力和情感上都是一件很艰难的事情，没有谁可以不用时不时地休息一下就能做好。我的妹妹辛迪养育了 4 个孩子，做了好几年的全职妈妈，她总是期待着每天的跑步时间，甚至是在严冬。即便只是知道有人会替你照顾一会儿孩子，让你每天能够在附近散步 30 分钟，都可能是极大的帮助。玛格达以前经常在每一堂课结束时问父母们："这个星期你会为你自己做什么？"

与其他父母聊一聊他们遇到的考验和辛苦、分享一些故事和想法并且笑一笑，都能给你带来安慰和解脱。你可能希望组织一个有与你的宝宝年龄相仿的宝宝的父母小组，每周聚一下；3～4个家庭可能比较理想，6～7个家庭可能就有点多了。这个小组可以在你的家里或另一个人家里聚会，尽管更好的做法是每周都在同一个家里见面，以便宝宝们对那里变得熟悉起来。准备一个在你（或者你的宝宝）生病那几周使用的备选聚会地点，是一个好主意。无论你们在哪里聚会，重要的是那里对孩子们来说应该是绝对安全的，以便你们每个人都能放松地坐下来休息，并且享受在一起的时光，而不必跳上跳下地将宝宝从潜在危险中解救出来。

尽管玩的东西能够和平地从一个小宝宝手中传递到另一个小宝宝手中，但是，学步期的孩子可能难以与其他孩子分享自己最喜欢的东西，尤其是在自己家里的时候。单独准备一套只供这个小组的孩子使用的玩的东西，可能有助于避免一些潜在的冲突。当宝宝们还很小的时候，要让每位父母每周从家里带2～3个玩的东西来让他们玩——并在之后把它们带回去清洗干净，以备下一周使用。对于学步期的宝宝来说，小组里的每位父母可以找3～4个玩的东西来作为公共物品。这些东西只在小组聚会时使用，并且每次聚会结束时都要被收起来。要记住，你们不需要很多玩的东西，而且其中的多数能够在你们的厨房里找到。

做好一些安排，会有助于你们的小组取得成功。几个准则将能让你们享受彼此的陪伴，而不会因为你们对宝宝关注太少而导致小组破裂。你们要确定一个固定的聚会时间，一个适应各个宝宝不同的睡眠时间的安排。正午时分通常是小宝宝们都醒着的时候，而一旦宝宝的小睡减少到一天只有一次，那么上午早些时候和下午晚些时候聚会往往会更好。我建议你们为聚会确定一个结束的时间，并坚持执行。有时候，父母们在一起太开心了，以至于忘记了自己的宝宝20分钟以前就已经疲倦了。为了使聚会对每个成员来说都是一段积极的经历，要尽量在宝宝们过度疲倦之前说再见。你们的聚会应该持续多长时间呢？RIE的父母-婴幼儿指导课程是90分钟。这有时对一些年龄很小的宝宝来说有点太长，而对于一个学步期的孩子来说又有点太短。当你观察你的宝宝的时候，你会看到他什么时候累了。如果聚会是在你的家里，而你的宝宝累了，你可能想悄悄地带他离开去喂奶或让他躺下来休息一会儿。

我建议你鼓励小组的父母们悄悄地进入你的家里。如果你能够不关门，以便他们到了就能直接进来，那就更好了。要让他们知道把尿布包和鞋子放在哪里——你们的安全玩耍区域是不能穿鞋的，还记得吗？如果他们以前没有来过你家，要让他们知道卫生间在哪里。如果你有足够的房间，能让那些父母在玩耍区域以外的一个独立的空间给宝宝喂奶，也要带他们看一看。在父母们带着宝宝坐到玩耍区域之前，让他们每个人都熟悉一下你的家，可以避免很多不必要的站起来和坐下。

在你们的第一次聚会之前，你可能想制定一些简单的规则。要让父母们到来后就进入游戏区域，并且安静地坐下来。动作慢下来并轻声说话也是一个很好的开始。或许，你们聚会的前15～20分钟可以是一段安静的观察时间。这将帮助父母们把注意力集中在宝宝身上，而且也会帮助宝宝们转换到在一起玩的状态。当这段观察时间结束后，你们可以讨论一下自己注意到的事情，并且享受在一起的乐趣。如果一位母亲正挣扎于什么事情上想得到支持，知道这个房间里的其他父母也在为同样的事情而挣扎，可能会让她感到安慰。在我的课堂上，一些父母给出了关于让孩子尝试新食物以及如何准备这些新食物的有价值的建议。他们还对睡眠问题以及对待学步期孩子的固执的态度表达了同情。这正好为那些需要的父母提供了情感支持和安慰。与其他父母聚会能帮助你找到你的一些问题的答案，并能获得一些纯粹的快乐。

本书的第一句话是：“养育是一项很难的工作，而且不可能为之做好完全的准备。”无论你的新宝宝是你的第一个孩子还是第四个，养育一个孩子通常都是充满挑战的，而且永远都在变化。知道其他父母也面临着与你相同的问题，可能会让你感到安慰，而且，与其他父母一起分享你们的故事、经验和想法也是一种放松和快乐。

后 记

在 RIE 课程的最后一天，玛格达·格伯会问她的学生们："如果你有一个愿望，那会是什么?"在我上课的最后一天，玛格达来了，并问了这个著名的问题。几个人谈到了他们对世界和平以及宝宝和家人幸福的愿望。而我被只能选择一个愿望的要求难住了，我认真思考着我的答案，就好像这个世界的命运都取决于它似的。现在，这么多年之后，我发现我在思考自己对这本承载着玛格达的研究成果的书的一个愿望。那就是：我希望这本书能让你看到一条通向你和你的宝宝的生活更轻松、更快乐的道路，一条建立在你和你的宝宝相互信任和尊重之上的道路。

在 RIE 的父母-婴幼儿指导课上，我有幸看到了那些背景不同、信仰各异的人们是如何运用玛格达的那些原则的。随着时间的流逝和实践的积累，这种育养方法帮助了很多父亲和母亲，给他们的养育带来新的认知。他们能够透过一个新的"镜头"来看待他们的宝宝了，一个能够显示他们的宝宝不时展示出令人惊讶的能力以及她或他的真正自我的"镜头"。那些坦诚地分享他们面临的挑战的父母让我佩服，那些父母与孩子之间的温馨互动让我感到敬畏。一个温柔的触摸、一句亲切的话语、一次耐心的帮助都让我感动到流泪。这些虽小却意义重大的动作，传达着我们对我们的孩子的爱。正是这些塑造了我们与自己的孩子的关系，其重要性远超那些闪闪发光的玩具或令人兴奋的惊险活动。而且，这才是真正重要的。

致 谢

感谢玛格达·格伯，她的著作《你的自信宝宝》改变了我作为一位父母和专业人员的人生。我要感谢艾米·皮克勒医生，她是一位有远见的思想家，是她鼓励我们从宝宝一出生开始就把他们看作有能力的人。

感谢一直鼓励着我的 RIE 的老师和导师：我的第一位 RIE 老师伊丽莎白·梅默尔（Elizaberth Memel），是她每周的父母-婴幼儿指导课程激励了我，颠覆了我对婴儿和养育的认识，并激励我学习更多知识；我的 RIE 导师贝弗利·科瓦奇（Beverly Kovach），在她的课堂上，我发现了玛格达的研究成果让我着迷，即便我的儿子不在教室里；还有我的实习指导老师卡萝尔·平托（Carol Pinto），是她用自己聪明而温柔的方式将育养法展现了出来。

我深深地感谢我的 RIE 同事梅拉尼·莱德古（Melani Ladygo），她以她的研究给了我宝贵的支持，并且为这本书提供了深思熟虑的建议，而这些都是以她对育养法的敏锐眼光以及对细节的关注为基础的。

感谢那些阅读了本书的几版初稿并且给出意见的 RIE 同事：黛博拉·格林沃尔德（Deborah Greenwald），她深思熟虑的提问使我成了一位更体贴的育养工作者；露丝·安妮·哈蒙德（Ruth Anne Hammond），她和我一起讨论了有关 RIE 的各种争议问题；伊丽莎白·梅默尔（Elizaberth Memel），是她帮我提炼并澄清我的一些想法；还有卡萝尔·平托（Carol Pinto），她认真思考了哪怕最微小的细节。

感谢我的 RIE 同事亚历山德拉·柯蒂斯·布瓦耶（Alexandra Curtis Boyer），她慷慨地与我分享了她关于粗大运动发展方面的论文，并指导我做了这一原本很难做的研究。

感谢费登奎斯工作法①的实践者贝斯·鲁宾斯坦（Beth Rubinstein），她在粗大运动发展方面给我提供了独特的见解。

我要对班柔·戴维斯-托洛特（Barrow Davis-Tolot）致以无尽的感激，感谢她为本书拍摄的漂亮的封面照片和书中的全部照片。我们现在会感到好笑——在这本书稿快要完成前的两个月，我天真地给她发了封电子邮件，看看她是否想“为这本书拍几张照片”。尽管我对这项工作所知甚少，但是，班柔以她一如既往的热情承担起了这件事情。她不仅做了艺术指导并拍了很多令人叹为观止的照片，而且还扮演了图片编辑的角色，筛选了上千张照片，才挑出你们在本书中看到的这些。

感谢那些慷慨地允许我们在父母-婴幼儿指导课堂以及他们家中对他们以及他们的宝宝进行拍摄的父母们，并且感谢为本书贡献了 RIE 的故事和引文的每一个人。

感谢 RIE 的出版经纪人，爱因斯坦·汤普森代理公司的麦格·汤普森（Meg Thompson），感谢她提出应该出版一本有关育养法的新书的建议，并且感谢她在本书出版过程中的周到的

---

① 费登奎斯工作法（Feldenkrais Method），是一种身心教育工作方法，包括“动中觉知（Awareness Through Movement）”与“身心功能整合（Functional Intergration）”两项工作方法，它由一位出生于俄国的犹太人摩谢·费登奎斯创立的。——译者注

指导。

感谢哈里特·贝尔（Harriet Bell），我要对她在我写作的过程中给我的耐心、亲切而巧妙的帮助致以最深切的感谢。哈里特总是幽默十足而且温柔地提出一些恰到好处的问题，或者明智地提供一些建议，让我能茅塞顿开。

感谢我在利特尔·布朗出版社的编辑特蕾西·比哈尔（Tracy Behar），感谢她在精心编辑这本书的过程中所表现出来的创意和娴熟的专业技能，并且感谢她揭开了出版过程的神秘面纱。这是一次迷人的旅行。

感谢玛格达·格伯的孩子们——黛西·格伯（Daisy Gerber）、梅奥·格伯·纳吉（Mayo Gerber Nagy）以及本斯·格伯（Bence Gerber）。非常荣幸能够把你们母亲的这一尊重地与婴儿相处的方法教给父母们和看护人员。

感谢 RIE 总裁波利·伊拉姆（Polly Elam）以及 RIE 董事会委托我写这本书，并且给我写作的时间。特别感谢 RIE 董事会成员门德斯·拿波利（Mendes Napoli），感谢他明智的建议和支持。

感谢 RIE 联盟（RIE Alliance of Associate）的各地成员，感谢你们慷慨地与他人分享玛格达的育养法，这改善了很多婴儿和他们的家人的生活。

感谢所有带着自己的宝宝来参加父母-婴幼儿指导课的父亲和母亲们。我从你们身上学到了那么多东西。

感谢所有在每天照料婴儿以及小孩子的过程中运用育养法的看护人员。你们是真正的天使。

感谢理查德·卡尔（Richard Carr），他多年来的指导让我成了一位更好的母亲、老师和一个更好的人。

感谢我的母亲南希·希格利（Nancy Higley），感谢她在本书的写作以及一直以来对我的乐观态度和支持。

最后，感谢我的丈夫乔尼·所罗门（Jonny Solomon），他在我们养育孩子的旅程中，一直是个热情的伴侣，并且使我写这本书成为了可能。他为我扫清了障碍，让我在写作时能够不受干扰，并且在我不能离开电脑的时候，默默地为我送上美食。如果没有他，这本书是不可能完成的。还要感谢我的儿子以利亚（Elijah），他使我的人生变得更美好，而且，没有他，我可能永远也不会发现玛格达·格伯。

[美]劳拉·沃尔瑟·内桑森　著
宋苗　译
北京联合出版公司
定价：89.00 元

《美国执业儿科医生育儿百科》

一部不可多得的育儿指南，详细介绍 0~5 岁宝宝的成长、发育、健康和行为。

一位执业超过 30 年的美国儿科医生，一部不可多得的育儿指南，详细介绍 0~5 岁宝宝的成长、发育、健康和行为。

全书共 4 篇。第 1 篇是孩子的发育与成长，将 0~5 岁分为 11 个阶段，详细介绍各阶段的特点、分离问题、设立限制、日常的发育、健康与疾病、机会之窗、健康检查、如果……怎么办，等等问题。第 2 篇是疾病与受伤，从父母的角度介绍孩子常见的疾病、受伤与处理方法。第 3 篇讨论的是父母与儿科医生之间反复出现的沟通不畅的问题，例如免疫接种、中耳炎、对抗行为等。第 4 篇是医学术语表，以日常语言让父母们准确了解相关医学术语。

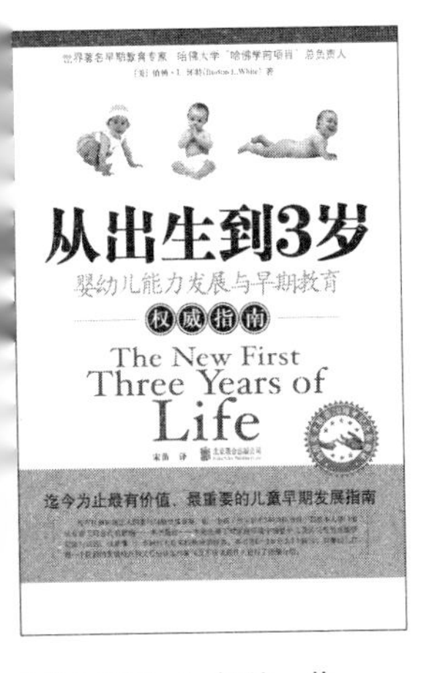

[美]伯顿·L. 怀特　著
宋苗　译
北京联合出版公司
定价：39.00 元

《从出生到 3 岁》

婴幼儿能力发展与早期教育权威指南

畅销全球数百万册，被翻译成 11 种语言

没有任何问题比人的素质问题更加重要，而一个孩子出生后头 3 年的经历对于其基本人格的形成有着无可替代的影响……本书是唯一一本完全基于对家庭环境中的婴幼儿及其父母的直接研究而写成的，也是惟一一本经过大量实践检验的经典。本书将 0~3 岁分为 7 个阶段，对婴幼儿在每一个阶段的发展特点和父母应该怎样做以及不应该做什么进行了详细的介绍。

本书第一版问世于 1975 年，一经出版，就立即成为了一部经典之作。伯顿·L. 怀特基于自己 37 年的观察和研究，在这本详细的指导手册中描述了 0~3 岁婴幼儿在每个月的心理、生理、社会能力和情感发展，为数千万名家长提供了支持和指导。现在，这本经过了全面修订和更新的著作包含了关于养育的最准确的信息与建议。

伯顿·L. 怀特，哈佛大学“哈佛学前项目”总负责人，“父母教育中心”（位于美国马萨诸塞州牛顿市）主管，“密苏里‘父母是孩子的老师’项目”的设计人。

[美] 特蕾西・霍格
梅林达・布劳 著
北京联合出版公司
定价：42.00 元

《实用程序育儿法》

宝宝耳语专家教你解决宝宝喂养、睡眠、情感、教育难题

《妈妈宝宝》、《年轻妈妈之友》、《父母必读》、“北京汇智源教育”联合推荐

本书倡导从宝宝的角度考虑问题，要观察、尊重宝宝，和宝宝沟通——即使宝宝还不会说话。在本书中，作者集自己近 30 年的经验，详细解释了 0 ~ 3 岁宝宝的喂养、睡眠、情感、教育等各方面问题的有效解决方法。

特蕾西·霍格(Tracy Hogg)世界闻名的实战型育儿专家,被称为“宝宝耳语专家”——她能“听懂”婴儿说话，理解婴儿的感受，看懂婴儿的真正需要。她致力于从婴幼儿的角度考虑问题，在帮助不计其数的新父母和婴幼儿解决问题的过程中，发展了一套独特而有效的育儿和护理方法。

梅林达・布劳，美国《孩子》杂志“新家庭（ New Family ）专栏”的专栏作家，记者。

[美] 简・尼尔森
谢丽尔・欧文
罗丝琳・安・达菲 著
花莹莹 译
北京联合出版公司
定价：42.00 元

《0 ~ 3 岁孩子的正面管教》

养育 0 ~ 3 岁孩子的“黄金准则”

家庭教育畅销书《正面管教》作者力作

从出生到 3 岁，是对孩子的一生具有极其重要影响的 3 年，是孩子的身体、大脑、情感发育和发展的一个至关重要的阶段，也是会让父母们感到疑惑、劳神费力、充满挑战，甚至艰难的一段时期。

正面管教是一种有效而充满关爱、支持的养育方式，自 1981 年问世以来，已经成为了养育孩子的“黄金准则”，其理论、理念和方法在全世界各地都被越来越多的父母和老师们接受，受到了越来越多父母和老师们的欢迎。

本书全面、详细地介绍了 0 ~ 3 岁孩子的身体、大脑、情感发育和发展的特点，以及如何将正面管教的理念和工具应用于 0 ~ 3 岁孩子的养育中。它将给你提供一种有效而充满关爱、支持的方式，指导你和孩子一起度过这忙碌而令人兴奋的三年。

无论你是一位父母、幼儿园老师，还是一位照料孩子的人，本书都会使你和孩子受益终生。

[美] 简・尼尔森
谢丽尔・欧文
罗丝琳・安・达菲　著
娟子　译
北京联合出版公司
定价：42.00 元

《3 ~ 6 岁孩子的正面管教》

养育 3 ~ 6 岁孩子的“黄金准则”

家庭教育畅销书《正面管教》作者力作

3 ~ 6 岁的孩子是迷人、可爱的小人儿。他们能分享想法、显示出好奇心、运用崭露头角的幽默感、建立自己的人际关系，并向他们身边的人敞开喜爱和快乐的怀抱。他们还会固执、违抗、令人困惑并让人毫无办法。

正面管教会教给你提供有效而关爱的方式，来指导你的孩子度过这忙碌并且充满挑战的几年。

无论你是一位父母、一位老师或一位照料孩子的人，你都能从本书中发现那些你能真正运用，并且能帮助你给予孩子最好的人生起点的理念和技巧。

[美] 默娜・B. 舒尔
特里萨・弗伊・
迪吉若尼莫　著
张雪兰　译
北京联合出版公司
定价：30.00 元

《如何培养孩子的社会能力》

教孩子学会解决冲突和与人相处的技巧

简单小游戏　成就一生大能力
美国全国畅销书（The National Bestseller）
荣获四项美国国家级大奖的经典之作
美国“家长的选择（Parents'Choice Award)”图书奖

社会能力就是孩子解决冲突和与人相处的能力，人是社会动物，没有社会能力的孩子很难取得成功。舒尔博士提出的“我能解决问题”法，以教给孩子解决冲突和与人相处的思考技巧为核心，在长达 30 多年的时间里，在全美各地以及许多其他国家，让家长和孩子们获益匪浅。与其他的养育办法不同，“我能解决问题”法不是由家长或老师告诉孩子怎么想或者怎么做，而是通过对话、游戏和活动等独特的方式教给孩子自己学会怎样解决问题，如何处理与朋友、老师和家人之间的日常冲突，以及寻找各种解决办法并考虑后果，并且能够理解别人的感受。让孩子学会与人和谐相处，成长为一个社会能力强、充满自信的人。

默娜・B. 舒尔博士，儿童发展心理学家，美国亚拉尼大学心理学教授。她为家长和老师们设计的一套“我能解决问题”训练计划，以及她和乔治・斯派维克（George Spivack）一起所做出的开创性研究，荣获了一项美国心理健康协会大奖、三项美国心理学协会大奖。

[美]海姆·G·吉诺特　著
张雪兰　译
北京联合出版公司
定价：26.00 元

《孩子，把你的手给我（Ⅱ）》

与十几岁孩子实现真正有效沟通的方法

《孩子，把你的手给我》作者的又一部巨著
彻底改变父母与十几岁孩子的沟通方式

本书是海姆·G·吉诺特博士的又一部经典著作，连续高踞《纽约时报》畅销书排行榜 25 周，并被翻译成 31 种语言畅销全球，是父母与十几岁孩子实现真正有效沟通的圣经。

十几岁是一个骚动而混乱、充满压力和风暴的时期，孩子注定会反抗权威和习俗——父母的帮助会被怨恨，指导会被拒绝，关注会被当做攻击。海姆·G·吉诺特博士就如何对十几岁的孩子提供帮助、指导、与孩子沟通提供了详细、有效、具体、可行的方法。

[美]海姆·G·吉诺特　著
张雪兰　译
北京联合出版公司
定价：35.00 元

《孩子，把你的手给我（Ⅲ）》

老师与学生实现真正有效沟通的方法

《孩子，把你的手给我》作者最后一部经典巨著
以 31 种语言畅销全球
彻底改变老师与学生的沟通方式
美国父母和教师协会推荐读物

本书是海姆·G·吉诺特博士的最后一部经典著作，彻底改变了老师与学生的沟通方式，是美国父母和教师协会推荐给全美教师和父母的读物。

老师如何与学生沟通，具有决定性的重要意义。老师们需要具体的技巧，以便有效而人性化地处理教学中随时都会出现的事情——令人烦恼的小事、日常的冲突和突然的危机。在出现问题时，理论是没有用的，有用的只有技巧，如何获得这些技巧来改善教学状况和课堂生活就是本书的主要内容。

书中所讲述的沟通技巧，不仅适用于老师与学生、家长与孩子之间的交流，而且也可以灵活运用于所有的人际交往中，是一种普遍适用的沟通技巧。

[美] 约翰·霍特 著
张雪兰 译
北京联合出版公司
定价：30.00 元

《孩子是如何学习的》

畅销美国 200 多万册的教子经典，以 14 种语言畅销全世界

孩子们有一种符合他们自己状况的学习方式，他们对这种方式运用得很自然、很好。这种有效的学习方式会体现在孩子的游戏和试验中，体现在孩子学说话、学阅读、学运动、学绘画、学数学以及其他知识中……对孩子来说，这是他们最有效的学习方式……

约翰·霍特（1923 ~ 1985），是教育领域的作家和重要人物，著有 10 本著作，包括《孩子是如何失败的》、《孩子是如何学习的》、《永远不太晚》、《学而不倦》。他的作品被翻译成 14 种语言。《孩子是如何学习的》以及它的姊妹篇《孩子是如何失败的》销售超过两百万册，影响了整整一代老师和家长。

[美] 爱丽森·戴维 著
宋苗 译
北京联合出版公司
定价：26.00 元

《帮助你的孩子爱上阅读》

0 ~ 16 岁亲子阅读指导手册

没有阅读的童年是贫乏的——孩子将错过人生中最大的乐趣之一，以及阅读带来的巨大好处。

阅读不但是学习和教育的基础，而且是孩子未来可能取得成功的一个最重要的标志——比父母的教育背景或社会地位重要得多。这也是父母与自己的孩子建立亲情心理联结的一种神奇方式。

帮助你的孩子爱上阅读，是父母能给予自己孩子的一份最伟大的礼物，一份将伴随孩子一生的爱的礼物。

这是一本简单易懂而且非常实用的亲子阅读指导手册。作者根据不同年龄的孩子的发展特征，将 0 ~ 16 岁划分为 0 ~ 4 岁、5 ~ 7 岁、8 ~ 11 岁、12 ~ 16 岁四个阶段，告诉父母们在各个年龄阶段应该如何培养孩子的阅读习惯，如何让孩子爱上阅读。

[美]简·尼尔森 著
玉冰 译
北京联合出版公司
定价：38.00 元

《正面管教》

如何不惩罚、不娇纵地有效管教孩子

畅销美国 400 多万册 被翻译为 16 种语言畅销全球

自 1981 年本书第一版出版以来，《正面管教》已经成为管教孩子的“黄金准则”。正面管教是一种既不惩罚也不娇纵的管教方法……孩子只有在一种和善而坚定的气氛中，才能培养出自律、责任感、合作以及自己解决问题的能力，才能学会使他们受益终生的社会技能和人生技能，才能取得良好的学业成绩……如何运用正面管教方法使孩子获得这种能力，就是这本书的主要内容。

简·尼尔森，教育学博士，杰出的心理学家、教育家，加利福尼亚婚姻和家庭执业心理治疗师，美国“正面管教协会”的创始人。曾经担任过 10 年的有关儿童发展的小学、大学心理咨询教师，是众多育儿及养育杂志的顾问。

本书根据英文原版的第三次修订版翻译，该版首印数为 70 多万册。

[美]简·尼尔森 琳·洛特
斯蒂芬·格伦 著
花莹莹 译
北京联合出版公司
定价：45.00 元

《正面管教 A–Z》

日常养育难题的 1001 个解决方案

家庭教育畅销书《正面管教》作者力作
以实例讲解不惩罚、不娇纵管教孩子的“黄金准则”

无论你多么爱自己的孩子，在日常养育中，都会有一些让你愤怒、沮丧的时刻，也会有让你绝望的时候。

你是怎么做的？

本书译自英文原版的第 3 版（2007 年出版），包括了最新的信息。你会从中找到不惩罚、不娇纵地解决各种日常养育挑战的实用办法。主题目录，按照 A–Z 的汉语拼音顺序排列，方便查找。你可以迅速找到自己面临的问题，挑出来阅读；也可以通读整本书，为将来可能遇到的问题及其预防做好准备。每个养育难题，都包括 6 步详细的指导：理解你的孩子、你自己和情形，建议，预防问题的出现，孩子们能够学到的生活技能，养育要点，开阔思路。

[美] 简·尼尔森
琳·洛特　著
尹莉莉　译
北京联合出版公司出版
定价：35.00 元

《十几岁孩子的正面管教》

教给十几岁的孩子人生技能

家庭教育畅销书《正面管教》作者力作
养育十几岁孩子的“黄金准则”

度过十几岁的阶段，对你和你的青春期的孩子来说，可能会像经过一个“战区”。青春期是成长中的一个重要过程。在这个阶段，十几岁的孩子会努力探究自己是谁，并要独立于父母。你的责任，是让自己十几岁的孩子为人生做好准备。

问题是，大多数父母在这个阶段对孩子采用的养育方法，使得情况不是更好，而是更糟了……

本书将帮助你在一种肯定你自己的价值、肯定孩子价值的相互尊重的环境中，教育、支持你的十几岁的孩子，并接受这个过程中的挑战，帮助你的十几岁孩子最大限度地成为具有高度适应能力的成年人。

[美] 简·尼尔森
玛丽·尼尔森·坦博斯基
布拉德·安吉　著
花莹莹 杨森 张丛林 林展　译
北京联合出版公司出版
定价：42.00 元

《正面管教养育工具》

赋予孩子力量、培养孩子能力的 49 种有效方法

家庭教育畅销书《正面管教》作者力作
不惩罚、不娇纵养育孩子的有效工具

正面管教是一种不惩罚、不娇纵的管教孩子的方式，是为了培养孩子们的自律、责任感、合作能力，以及自己解决问题的能力，让他们学会受益终生的社会技能和人生技能，并取得良好的学业成绩。

1981 年，简·尼尔森博士出版《正面管教》一书，使正面管教的理念逐渐为越来越多的人接受并奉行。如今，正面管教已经成了管教孩子的“黄金准则”。其理念和方法已经传播到将近 70 个国家和地区，包括美国、英国、冰岛、荷兰、德国、瑞士、法国、摩洛哥、西班牙、墨西哥、厄瓜多尔、哥伦比亚、秘鲁、智利、巴西、加拿大、中国、埃及、韩国。由简·尼尔森博士作为创始人的“正面管教协会”，如今已经有了法国分会和中国分会。

本书对经过多年实际检验的 49 个最有效的正面管教养育工具作了详细介绍。

[美] 简·尼尔森 琳·洛特
斯蒂芬·格伦 著
梁帅 译
北京联合出版公司出版
定价：30.00 元

《教室里的正面管教》

培养孩子们学习的勇气、激情和人生技能

家庭教育畅销书《正面管教》作者力作
造就理想班级氛围的“黄金准则”
本书入选中国教育新闻网、中国教师报联合推荐
2014 年度“影响教师 100 本书”TOP10

很多人认为学校的目的就是学习功课，而各种纪律规定应该以学生取得优异的学习成绩为目的。因此，老师们普遍实行的是以奖励和惩罚为基础的管教方法，其目的是为了控制学生。然而，研究表明，除非教给孩子们社会和情感技能，否则他们学习起来会很艰难，并且纪律问题会越来越多。

正面管教是一种不同的方式，它把重点放在创建一个相互尊重和支持的班集体，激发学生们的内在动力去追求学业和社会的成功，使教室成为一个培育人、愉悦和快乐的学习和成长的场所。

这是一种经过数十年实践检验，使全世界数以百万计的教师和学生受益的黄金准则。

[美] 简·尼尔森
凯莉·格夫洛埃尔
阿伦·巴考尔
比尔·肖尔 著
张宏武 译
北京联合出版公司出版
定价：35.00 元

《正面管教教师工具卡》

教室管理的 52 个工具

家庭教育畅销书《正面管教》作者力作

该套卡片是将《正面管教》在教室里的运用，以卡片的形式呈现出来。在每张卡片上有对相应工具的简要介绍，以及具体的使用办法和相关示例，在卡片后还配有一幅形象而生动的插图。

该套卡片既适合教师单独集中时间学习，也适合与其他教师共同讨论。既可以放置于办公桌上，也可以随身携带，随时使用。它是尼尔森博士为教师量身定制的“工具百宝箱”。

[美] 简・尼尔森
琳达・埃斯科巴
凯特・奥托兰
罗丝琳・安・达菲
黛博拉・欧文 – 索科奇　著
郑淑丽　译
北京联合出版公司出版
定价：55.00 元

《正面管教教师指南 A–Z》

教室里行为问题的 1001 个解决方案

家庭教育畅销书《正面管教》作者力作
以实例讲解造就理想班级氛围的“黄金准则”

本书包括两个部分：

第一部分，介绍的是正面管教的基本原理和基本方法，包括鼓励、错误目的、奖励和惩罚、和善而坚定、社会责任感、分派班级事务、积极的暂停、特别时光、班会，等等。

第二部分，是教室里常见的各种行为问题及其处理方法，按照 A–Z 的汉语拼音顺序排列，以方便查找。你可以迅速找到自己面临的问题，有针对性地阅读，立即解决自己的难题；也可以通读本书，为将来可能遇到的问题及其预防做好准备。

每个行为问题及其解决，基本都包括 5 个部分：

- 讨论。就一个具体行为问题出现的情形及原因进行讨论。
- 建议。依据正面管教的理论和原则，给出解决问题的建议。
- 提前计划，预防未来的问题。着眼于如何预防问题的发生。
- 用班会解决问题。老师和学生们用班会解决相应问题的真实故事。
- 激发灵感的故事。老师和学生们用正面管教工具解决相关问题的真实故事。

[美] 简・尼尔森　谢丽尔・欧文
卡萝尔・德尔泽尔　著
杨森 张丛林　林展　译
北京联合出版公司
定价：37.00 元

《单亲家庭的正面管教》

让单亲家庭的孩子健康、快乐、茁壮成长

家庭教育畅销书《正面管教》作者力作
单亲父母养育孩子的“黄金准则”

单亲家庭不是“破碎的家庭”，单亲家庭的孩子也不是注定会失败和令人失望的，有了努力、爱和正面管教养育技能，单亲父母们就能够把自己的孩子培养成有能力的、满足的、成功的人，让单亲家庭成为平静、安全、充满爱的家，而单亲父母自己也会成为一位更健康、平静的父母——以及一个更快乐的人。

《单亲家庭的正面管教》是家庭教育畅销书《正面管教》作者简・尼尔森的又一力作。自从《正面管教》于 1981 年出版以来，正面管教理念已经成为养育孩子的“黄金准则”，让全球数以百万计的父母、孩子、老师获益。

《单亲家庭的正面管教》是简・尼尔森博士与另外两位作者详细介绍如何将正面管教的理念和工具用于单亲家庭的一部杰作。

美] 简・尼尔森　史蒂文・福斯特
艾琳・拉斐尔　著
颖　译
北京联合出版公司
定价：32.00 元

《特殊需求孩子的正面管教》

帮助孩子学会有价值的社会和人生技能

家庭教育畅销书《正面管教》作者力作

每一个孩子都应该有一个幸福而充实的人生。特殊需求的孩子们有能力积极成长和改变。

运用正面管教的理念和工具，特殊需求的孩子们就能够培养出一种越来越强的能力，为自己的人生承担起责任。在这个过程中，他们会与自己的家里、学校里和群体里的重要的人建立起深入的、令人满意的、合作的关系，从而实现自己的潜能。

美] 安吉拉・克利福德－波斯顿　著
王俊兰　译
北京联合出版公司
定价：32.00 元

《如何读懂孩子的行为》

理解并解决孩子各种行为问题的方法

孩子为什么不好好吃、不好好睡？为什么尿床、随地大便？为什么说脏话？为什么撒谎、偷东西、欺负人？为什么不学习？……这些行为，都是孩子在以一种特殊的方式与父母沟通。

当孩子遇到问题时，他们的表达方式十分有限，往往用行为作为与大人沟通的一种方式……如何读懂孩子这些看似异常行为背后真实的感受和需求，如何解决孩子的这些问题，以及何时应该寻求专业帮助，就是本书的主要内容。

安吉拉・克利福德－波斯顿（Andrea Clifford-Poston），教育心理治疗师、儿童和家庭心理健康专家，在学校、医院和心理诊所与孩子和父母们打交道 30 多年；她曾在查林十字医院（Charing Cross Hospital，建立于 1818 年）的儿童发展中心担任过 16 年的主任教师，在罗汉普顿学院（Roehampton Institute）担任过多年音乐疗法的客座讲师，她还是《泰晤士报》“父母论坛”的长期客座专家，为众多儿童养育畅销杂志撰写专栏和文章，包括为“幼儿园世界（Nursery World）”撰写了 4 年专栏。

[美]唐·坎贝尔　著
高慧雯　王玲月　娟子　译
北京联合出版公司
定价：32.00 元

《莫扎特效应》

用音乐唤醒孩子的头脑、健康和创造力

从胎儿到 10 岁，用音乐的力量帮助孩子成长！
享誉全球的权威指导，被翻译成 13 种语言！

在本书中，作者全面介绍了音乐对于从胎儿至 10 岁左右儿童的大脑、身体、情感、社会交往等各方面能力的影响。

本书详细介绍了如何用古典音乐，特别是莫扎特的音乐，以及儿歌的节奏和韵律来促进孩子从出生前到童年中期乃至更大年龄阶段的发展，提高他们的各种学习能力、情感能力和社会交往能力。对于孩子在每个年龄段（出生前到出生，从出生到 6 个月，从 6 个月到 18 个月，从 18 个月到 3 岁，从 4 岁到 6 岁，从 6 岁到 8 岁，从 8 岁到 10 岁）的发展适合哪些音乐以及这些音乐的作用都进行了详细的说明。

唐·坎贝尔，古典音乐家、教育家、作家、教师，数十年来致力于研究音乐及其在教育和健康方面的作用，用音乐帮助全世界 30 多个国家的孩子提高了学习能力和创造性，并体验到了音乐给生活带来的快乐。他是该领域闻名全球、首屈一指的权威。

[美]奥黛丽·里克尔
　　卡洛琳·克劳德　著
张悦　译
北京联合出版公司
定价：20.00 元

《孩子顶嘴，父母怎么办？》

简单 4 步法，终结孩子的顶嘴行为

全美畅销书

顶嘴是一种不尊重人的行为，它会毁掉孩子拥有成功、幸福的一生的机会，会使孩子失去父母、朋友、老师等的尊重。

本书是一本专门针对孩子顶嘴问题的畅销家教经典。作者里克尔博士和克劳德博士以著名心理学家阿尔弗雷德·阿德勒的行为学理论为基础，结合自己在家庭教育领域数十年的心理咨询经验，总结出了一套简单、对各个年龄段孩子都能产生最佳效果，而且不会对孩子造成伤害的"四步法"，可以让家长在消耗最少精力的情况下，轻松终结孩子粗鲁的顶嘴行为，为孩子学会正确地与人交流和交往的方式——不仅仅是和家长，也包括他的朋友、老师和未来的上级——奠定良好的基础。

本书包含大量真实案例，可以让读者在最直观而贴近生活的情境中学习如何使用四步法。

奥黛丽·里克尔博士，美国著名心理学家，既是一名经验丰富的教师，也是一名母亲，终生与孩子打交道。卡洛琳·克劳德博士，管理咨询专家，美国白宫儿童与父母会议主席，全国志愿者中心理事。

以上图书各大书店、书城、网上书店有售。
团购请垂询：010-65868687
Email：tianluebook@263.net
更多畅销经典家教图书，请关注新浪微博"家教经典"（http://weibo.com/jiajiaojingdian）及淘宝网"天略图书"（http://shop33970567.taobao.com）